牛病毒性腹泻病毒（BVDV）E2 糖蛋白抗原表位的免疫性研究

沈小芳　著

東北林業大學出版社
Northeast Forestry University Press
·哈尔滨·

图书在版编目（CIP）数据

牛病毒性腹泻病毒(BVDV)E2糖蛋白抗原表位的免疫性研究 / 沈小芳著 . — 哈尔滨：东北林业大学出版社，2023.12
ISBN 978-7-5674-3377-9

Ⅰ . ①牛… Ⅱ . ①沈… Ⅲ . ①牛病 – 病毒病 – 腹泻 – 防治 – 研究 Ⅳ . ① S858.23

中国国家版本馆 CIP 数据核字 (2023) 第 245849 号

牛病毒性腹泻病毒(BVDV)E2糖蛋白抗原表位的免疫性研究
NIU BINGDUXING FUXIE BINGDU (BVDV)E2 TANGDANBAI KANGYUAN BIAOWEI DE MIANYIXING YANJIU

责任编辑：潘　琦
封面设计：乔鑫鑫
出版发行：东北林业大学出版社
（哈尔滨市香坊区哈平六道街 6 号　邮编：150040）
印　　装：北京四海锦诚印刷技术有限公司
开　　本：787 mm × 960 mm　1/16
印　　张：6.75
字　　数：110 千字
版　　次：2023 年 12 月第 1 版
印　　次：2023 年 12 月第 1 次印刷
书　　号：ISBN 978-7-5674-3377-9
定　　价：49.80 元

如发现印装质量问题，请与出版社联系调换。（电话：0451-82113296　82191620）

前　言

牛感染牛病毒性腹泻病毒（Bovine Viral Diarrhea Virus，BVDV）会引起病毒性腹泻 / 黏膜病（BVD/MD），给牛养殖业造成重大经济损失。BVDV 属于黄病毒科（Flaviviridae）瘟病毒属（*Pestivirus*）成员，为单股正链 RNA 病毒。基因组由 5' 非翻译区、开放阅读框和 3' 非翻译区组成，开放阅读框编码一个由约 4 000 个氨基酸组成的多聚蛋白前体，在翻译时和翻译后由宿主细胞蛋白酶和 / 或病毒编码的蛋白酶加工，形成至少 11 种成熟的病毒蛋白，包括结构蛋白 Core、E^{rns}、E1、E2 和非结构蛋白 N^{pro}、p7、NS2-3（NS2 和 NS3）、NS4A、NS4B、NS5A、NS5B，其中 E2 是主要的抗原蛋白，能够诱导产生中和抗体。

瘟病毒属成员还包括猪瘟病毒（Classical Swine Fever Virus，CSFV）和羊边界病病毒（Border Disease Virus，BDV）等。猪感染 CSFV 会引起高致死性传染病 —— 猪瘟。由于 BVDV 与 CSFV 血清学存在交叉反应，给疾病鉴别诊断和防控带来巨大困难。虽然 CSFV E2 上保守表位研究的报道较多，但 BVDV E2 的抗原表位序列报道极少。为加深对 BVDV E2 蛋白抗原表位反应性的认识，本书基于已有的文献报道和序列分析，选择与 CSFV E2 蛋白中高度保守抗原表位序列对应、在 BVDV E2 中氨基酸不同的 5 个抗原表位，将表位串联重复连接，采用原核表达系统表达、纯化，制备纯化的抗原表位蛋白，对其与 E2 抗血清的反应性进行分析，旨在为理解 BVDV 和 CSFV 感染诱导的血清学交叉反应和发展血清学鉴别检测方法积累数据。

以 BVDV NADL 株基因组 RNA 为模板，RT-PCR 扩增得到 BVDV E2 基因，再以 E2 基因为模板 PCR 扩增得到分别编码 E2 第 1 ~ 333 位氨基酸和 E2 第 91 ~ 333 位氨基酸的两个截短的 E2 基因片段，克隆到原核表达载体 pET-32a，构建了重组表达质粒 pET/BtE2^{333} 和 pET/BtE2^{243}。类似地，以携带 CSFV E2 基因的质粒 pUC/CE2 为模板，PCR 扩增编码第 1 ~ 177 位氨基酸的截短 E2 基因片段，克隆到 pET-28a，构建了重组表达质粒 pET/CtE2^{177}。选择 BVDV E2 蛋白中 5 个抗原表位序列分别为 CKPEFSYAIAKDERIGQLGAEGLT、AEGLTTTWKEYSPGMK、LFDGRKQ、TSFNMDTLA 和 TYRRSKPFPHRQGCITQKNLGE，每个表位进行 6 次重复，用 GSGS 柔性肽连接，合成得到编码各重复表位的基因序列，分别连接到加了 6 个组氨酸（His）标签的 pGEX-6p-1 载体上，构建了 5 个重组表达质粒，依次命名为 pGEX-6E1、pGEX-6E2、pGEX-6E3、pGEX-6E4 和 pGEX-5E5。各种重组表达质粒分别转化 *Escherichia coli* BL21-codon plus（DE3）RIL 感受态细胞，用 IPTG 诱导蛋白表达。经 SDS-PAGE 和 Western Blot 分析证实，构建的表达质粒分别表达了目的蛋白。经 Ni 柱亲和层析纯化，SDS-PAGE 电泳分析和蛋白质定量测定，成功制备了高纯度的 BVDV E2、CSFV E2 蛋白和 5 个 BVDV E2 抗原重复表位多肽。

用纯化的 BVDV E2 和 CSFV E2 蛋白作为抗原，分别免疫 BALB/c 小鼠，制备了鼠抗 BVDV E2 和 CSFV E2 的特异性抗体。免疫荧光染色检测显示，制备的 BVDV E2 鼠抗血清和 CSFV E2 鼠抗血清分别能够与 BVDV 和 CSFV 感染的 PK15 细胞发生特异性反应；分别用纯化的 BVDV 和 CSFV 作为包被抗原建立的间接 ELISA 测定显示，血清抗体的效价分别为 1：300 和 1：100。基于优化的间接 ELISA 方法，分别以纯化的 5 个抗原表位多肽作为包被抗原，间接 ELISA 分析了各种抗原表位多肽与鼠抗 BVDV E2 和 CSFV E2 特异性抗体的反应性。结果显示，5 个重复抗原表位多肽既能够与 BVDV E2 鼠抗血清反应，也能够与 CSFV E2 鼠抗血清反应，存在交叉反应。这些工作为理解 BVDV 和 CSFV 诱导血清学交叉反应和后续研究 BVDV E2 与 CSFV E2 抗原性积累了资料。

目　录

第1章　绪　　论

1.1　概述

牛病毒性腹泻/黏膜病（BVD/MD），是由牛病毒性腹泻病毒（BVDV）引起的一种主要特征为发热、腹泻、消化道黏膜糜烂的多临床类型的牛接触性传染疾病。临床症状表现为高热、腹泻、白细胞减少、精神沉郁、食欲废绝、鼻腔和口腔内大量流出分泌物、消化道黏膜溃疡糜烂、怀孕母牛流产或产死胎。

1946 年 Olafson 等在美国首次发现牛病毒性腹泻病（BVD）（Olafson 等，1946），1953 年 Ransey 与 Chiver 等发现了以消化道黏膜严重糜烂、坏死为重要症状的牛黏膜病（MD）。1961 年 Gillespie 等研究证实这两种疾病由同一种病毒引起（Gillespie 等，1961），因此，美国兽医学会在 1971 年将此病统一命名为牛病毒性腹泻－黏膜病。BVDV 感染引起的疾病给全球养牛业造成了巨大损失，已被世界动物卫生组织列为重要传染病（薛飞等，2016）。

BVDV 易感染牛，而 6 ~ 18 月龄的犊牛最易感染致病。牛是 BVDV 的自然宿主，主要是黄牛和乳牛，其次是牦牛和水牛（王国超等，2016），BVDV 亦能感染猪、羊等家畜，以及羊驼、骆驼、鹿等野生反刍动物（孔繁德等，2005）。

BVDV 呈地方性流行，常在春冬季节爆发。该病主要传染源为持续性感染动物（Persistent Infection，PI），这是 BVDV 感染引起的一种非常重要的临床类型，形成原因是怀孕母牛在子宫内感染 NCP 型 BVDV 后，病毒经胎盘感染胎儿，一旦胎儿出生并存活，就成了无明显临床症状的持续性感染牛，由于其处于免疫耐受状态，能够长期带毒和持续性向环境中排毒，因此成为主要的传染源。该病有多种传播方式，包括接触传播、胎盘垂直传播、种公牛精液带毒后交配传播、呼吸道和消化道传播等（薛飞等，2016），而野外反刍动物感染的重要途径则是吸血虫媒介传播（王国超等，2016）。

虽然 BVDV 不能直接感染人体，但是由于近年来人们生活质量改善，对肉制品、奶制品的需求量逐渐增大，食品卫生和安全问题也越来越被人们所重视。BVDV 极大地危害了猪牛养殖业发展和食品卫生安全，预防、诊断和治疗 BVDV 已经成为刻不容缓、亟待解决的问题和挑战。

1.2 牛病毒性腹泻病毒(BVDV)及其分子生物学特性

1.2.1 BVDV 的分类和分型

牛病毒性腹泻病毒为单股正链 RNA 病毒，在分类学上属于黄病毒科（Flaviviridae），瘟病毒属（*Pestivirus*）。瘟病毒属成员还包括羊边界病病毒（Border Disease Virus，BDV）及猪瘟病毒（Classical Swine Fever Virus，CSFV）。BVDV 与 CSFV 和 BDV 在血清学上有交叉反应。

BVDV 虽然只有一种血清型，但是不同毒株之间的抗原性却差别很大。BVDV 分为两个基因型（Gentype），分别命名为 BVDV-1 和 BVDV-2 型，这种划分依据的是 BVDV 基因组 5′ 非翻译区（UTR）的差异（Ridpath 等，1994），两种基因型各自包括不同亚型。

BVDV 分为两种生物型（Biotype），分别为致细胞病变型（Cytopathogenic，CP）和非致细胞病变型（Noncytopathogenic，NCP），这种划分是依据 BVDV 感染上皮细胞是否产生致细胞病变效应（Cytopathogenic Effect，CPE）。

CP 型病毒在细胞中复制能够引起细胞聚集成团、核固缩、脱落、裂解或出现包涵体等病变，而 NCP 型病毒在细胞中复制却并不引起细胞产生这些病变。研究发现，在 CP 型 BVDV 感染细胞中，可以检测到 NS2-3 和进一步加工成的 NS2 和 NS3，而在 NCP 型 BVDV 感染的细胞中只检测到 NS2-3。NS3 蛋白与细胞产生 CPE 有关。BVDV-1 和 BVDV-2 都各有两种生物型。

CP 型 BVDV 不常见但高度致死，和黏膜病（Mucosal Disease，MD）爆发有关。抗原性相似且序列接近的 CP 型和 NCP 型 BVDV 可以同时从患黏膜病的动物中分离获得，因此认为 CP 型病毒来源于 NCP 型 BVDV 的突变（Agapov 等，2004）。通过 NCP 型 BVDV 基因组自身的点突变、重排、替换或缺失引起 NCP 型基因改变，从而产生 NS3 蛋白，因此使得 NCP 型 BVDV 转变为 CP 型 BVDV。

研究显示，缺损性干扰型颗粒（Defective Interfering Particle，DI 颗粒）能够使 NCP 型 BVDV 在宿主细胞内产生 CPE。例如在 BVDV CP 型 CP9 毒株感染的细胞中，除了存在 12.3 kb 的 BVDV 基因组 RNA，还存在长约 8 kb 的 RNA 片段，序列分析发现 8 kb 的 RNA 片段是内部缺失 4.3 kb 的 BVDV 基因组 RNA。试验证明，8 kb 片段是一种缺损性干扰型颗粒，可以表达 NS3 从而引起宿主细胞产生细胞病变（Tautz 等，1994）。此外，研究表明，在病毒非结构蛋白 NS2 基因编码区插入宿主的基因片段，可以引起 BVDV 从 NCP 型变为 CP 型。例如在 NS2 和 NS3 之间插入一个细胞泛素编码的序列，这个序列可被细胞中泛素的 C 端水解酶（Ubiquitin Carboxy-l Terminal Hydrolase，UCH）高效水解加工，因此可以产生 NS3 的 N 端（Agapov 等，2004）。

曾经以为 BVDV-2 都是强毒株，因为 BVDV-2 大多是从急性出血症的牛体中分离得到的，然而多数分离出来的 BVDV-2 毒株做回归试验时却无显著临床症状产生。后来证实多数 BVDV-2 为无毒、弱毒株，少数为强毒株（孙宏进等，2011），但所有 BVDV-2 的强毒株都是 NCP 型（Carman 等，1998）。

1.2.2 形态及理化特性

成熟的 BVDV 病毒粒子，有囊膜，略呈球形或圆形，病毒粒子直径约为 46 nm，内含直径为 25 ~ 30 nm 的核心，这些都和 BDV 病毒粒子相似（Gray 等，1987）。核衣壳的结构为非螺旋状二十面体对称。病毒基因组为具有感染性的线形正链单股 RNA 分子。

BVDV 病毒粒子耐碱不耐酸，pH 值为 3.0 可使其失活，此外还对氯仿、乙醚、胰蛋白酶敏感。氯化镁溶液对其没有保护作用。BVDV 不耐高温，在 56℃条件下 1 h 以上便可以使其灭活（赵月兰等，2006；包振中等，2015），但病毒在低温下比较稳定，-70℃条件下能够保存多年。

1.2.3 基因组结构

基因组大小约为 12.5 kb，结构由三部分组成，分别为 5′ 非翻译区（5′ Untranslated Region，5′ UTR）、编码近 4 000 个氨基酸的大开放阅读框（Open Reading Frame，ORF）和 3′ 非翻译区（3′ Untranslated Region，3′ UTR）。其中，5′ 末端没有甲基化的"帽子"结构，3′ 末端也没有多聚腺苷酸化 Poly（A）的"尾巴"结构（Collett 等，1988）。其中 NCP 型基因组小一些，约为 12.3 kb。

1.2.3.1 5′ UTR

BVDV 和其他瘟病毒属以及 HCV 都有一个相当长的 5′ UTR，含有 360 ~ 386 个核苷酸，包含许多 AUG，而其他黄病毒科的 5′ UTR 则短得多，只有 97 ~ 119 个核苷酸，并且基本不含 AUG。BVDV RNA 的翻译并不是通常的"帽"依赖机制。BVDV RNA 5′ 末端是不含甲基化的"帽"结构，包含一个内部核糖体进入位点（Internal Ribozyme Entry Site，IRES），此位点拥有一个高度有序的二级和三级的"茎 - 环"结构，能够被反式作用因子和核糖体起始复合物识别并结合，这种结合是非"帽"依赖的，这一点和小核糖核酸病毒非常相似。BVDV-1 NADL 株 5′ UTR 有 6 个 AUG 密码子，在位于大开放阅读框 5′ 端的起始密码子（位于 386 位核苷酸处）之前。尽管这些 AUG 能指导 48 个氨基酸的肽合成，但是在无细胞的翻译过程中却没有检测到（Poole 等，1995）。

5′ UTR 的一级结构有三个高度可变的区域，称为区域Ⅰ、Ⅱ、Ⅲ。瘟病毒属 RNA 5′ UTR 的二级结构模型显示，有一系列的茎 - 环结构，分别称为 4 个功能区：A、B、C、D，如图 1.1 所示。区域 A 是一个稳定保守的茎 - 环结构，包括碱基替换和缺失的可变的核苷酸序列专一地发生在这个区域；区域 B 位于一级结构的可变区Ⅰ，在瘟病毒属中并不保守；区域 C 是一个保守的大而不完整的茎 - 环结构；区域 D 包含了 5′ UTR 的 2/3（139 ~ 361 核苷酸），是一个保守的多茎 - 环结构。瘟病毒属的 IRES 位于区域 D（Deng 等，1993）。

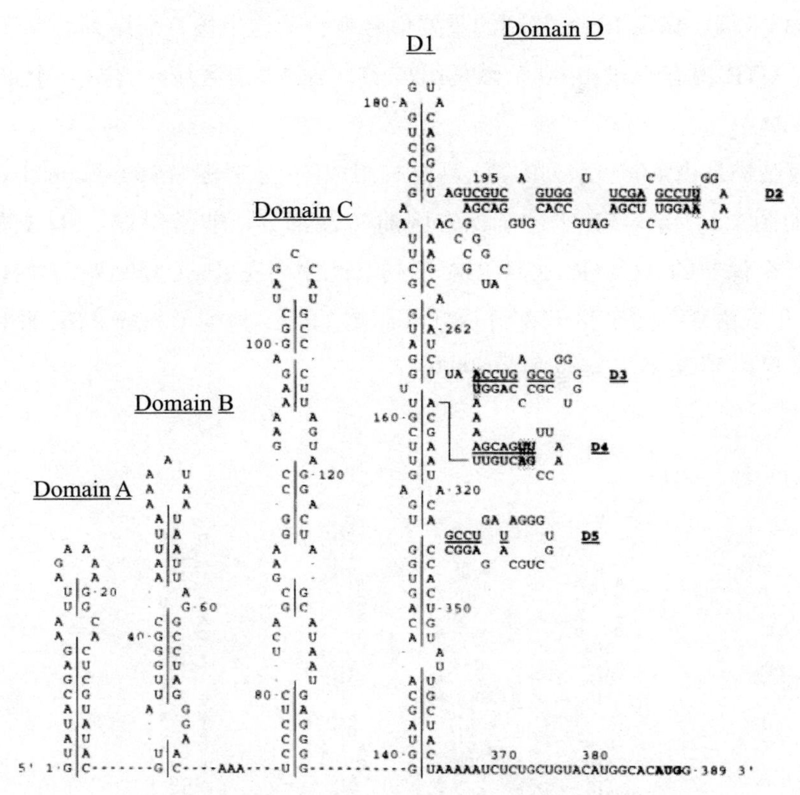

图 1.1　BVDV E2 5′ UTR 二级结构（Deng 等，1993）

尽管一级核苷酸结构有大量不同，瘟病毒属的 5′ UTR 的二级结构高度保守。由于 5′ UTR 序列在 BVDV 各个毒株间保守性较高，所以通过分析比较 5′ UTR 的差异来对 BVDV 进行分型或者设计引物作为扩增靶序，用 RT-PCR 方法来检测 BVDV（Brown 等，1992）。

1.2.3.2　3′ UTR

瘟病毒属也有一个相对较长的 BVDV 3′ UTR，BVDV-1 NADL 株的 3′ UTR 无 Poly（A）“尾”结构，由约 228 个核苷酸组成。瘟病毒属的一级结构的核苷酸序列有一个可变区和一个保守区。可变区包含 127 个核苷酸，起始于 10 208 位核苷酸的多聚蛋白的终止密码子 TGA，结束于 12 206 位核苷酸。可变区核苷酸序列的高度异质性表明它可能对病毒的复制没有直接重要的作用，只是一个维持其他区域功能性结构的辅助因子。保守区由 102 个核苷酸组成，位于 3′

UTR 的 3′ 末端，病毒 RNA 复制的重要信号就位于这个核苷酸序列高度保守的保守区。3′ UTR 内有一段由 60 个碱基组成的富含 AT 的区域，含有一个重复序列 TGTATATA。

二级结构是由 4 个一系列的茎–环结构组成的（分别称为 Stem-loop Ⅰ、Ⅱ、Ⅲ、Ⅳ），如图 1.2 所示。SL Ⅰ 位于保守区的 3′ 端部分，非常保守。SL Ⅰ 和 SL Ⅱ 之间有一个保守的 ACAGCACUUUA 序列，此序列在 RNA 复制期间发挥重要作用。SL Ⅱ 是由部分可变区和部分保守区组成的，结构细节保守。SL Ⅲ 和 SL Ⅳ 位于可变区，不保守（Deng 等，1993）。

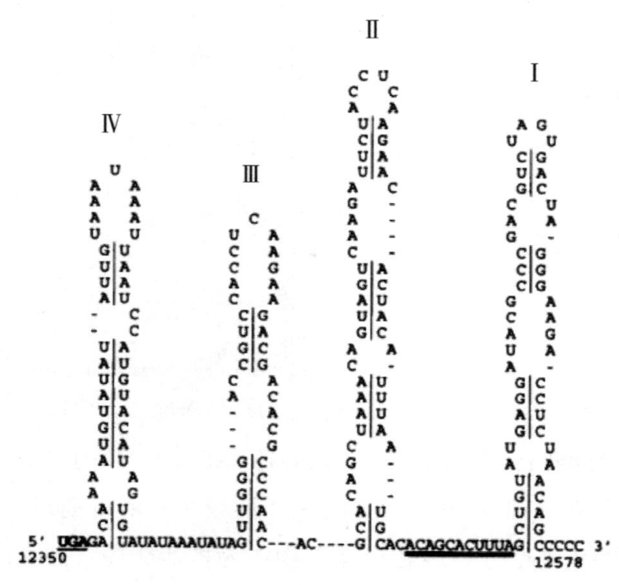

图 1.2　BVDV E2 3′ UTR 二级结构（Deng 等，1993）

1.2.4　编码蛋白的结构与功能

开放阅读框（ORF）编码 1 个多聚蛋白，由约 4 000 个氨基酸组成。多聚蛋白通过翻译时和翻译后加工，成为至少 11 种成熟的病毒蛋白，蛋白的加工需要宿主细胞信号肽酶（Signal Peptidase）和病毒非结构蛋白（如 NS3 等）的作用。其蛋白的编码顺序从 N 端到 C 端依次为：N^{pro}—C—E^{rns}—E1—E2—p7—NS2—NS3—NS4A—NS4B—NS5A—NS5B（Harada 等，2000），结构蛋白包括

4 种：P14（Core）、gP48（E^{rns}）、gP25（E1）和 gP53（E2），其余为非结构蛋白。

多聚蛋白在宿主酶和病毒自身蛋白加工后，首先裂解产生 P20（N^{pro}）和前体蛋白 Prgp140、P125 和 PrP175。Prgp140 是 BVDV 结构蛋白的前体，宿主细胞的信号肽酶对其进行裂解加工，Prgp140 首先裂解为 Prgp116，最后加工成核糖核蛋白 P14（Core）和三种糖蛋白 gP48（E^{rns}）、gP25（E1）和 gP53（E2）。P125 在 NCP 型 BVDV 中是成熟形式，但在 CP 型 BVDV 中可继续裂解为 P54（NS2）和 P80（NS3）。PrP175 是病毒 BVDV 非结构蛋白的前体，能进一步裂解为 PrP165，由其再一步裂解加工为 P10（NS4A）、P30（NS4B）、P58（NS5A）和 P75（NS5B）。

1.2.4.1 N^{pro} 蛋白

N^{pro} 蛋白，又称 P20，是由 168 个氨基酸残基构成的自体蛋白酶，是 ORF 编码的多聚蛋白前体加工后产生的第一个蛋白（位于 N 端），仅见于黄毒科瘟病毒属成员。N^{pro} 蛋白具有蛋白水解酶活性，借助 Glu22—His49—Cys69 的半胱氨酸蛋白酶活性，能够将它自身从多聚蛋白前体上切割下来，成为成熟的病毒蛋白（Jefferson 等，2014）。

N^{pro} 蛋白在细胞质中能够和核糖体及核糖核蛋白形成复合体，招募翻译机器，导致病毒颗粒的产生。瘟病毒属自身能够抑制氧化应激而导致的胁迫颗粒（Stress Granules，SG）的产生，以此来抑制细胞蛋白的形成，促进病毒蛋白的合成。这虽然不是 N^{pro} 蛋白的功劳，但是当应激压力产生进而抑制到翻译时，N^{pro} 蛋白会从细胞质中的翻译复合体再分配到复制复合体中（Jefferson 等，2014）。

1.2.4.2 Core 蛋白

Core 蛋白，又称 P14，位于 N^{pro} 之后，是病毒核衣壳蛋白。成熟的 Core 蛋白由 90 个氨基酸残基组成，是多聚蛋白通过 3 个酶催化的裂解反应切割而成。Core 蛋白的 N 端是由 N^{pro} 蛋白通过翻译时的自蛋白催化加工产生，Core 蛋白 C 端有信号序列，能够将新生蛋白靶定到内质网膜上，由宿主细胞中的酶来起始加工过程。其中，在内质网腔中细胞信号肽酶（SP）从 E^{rns} 开始加工，而细胞信号肽肽酶（SPP）在 Core 蛋白锚定的膜上进行额外的加工。产生的 Core 蛋白有很强的碱性且能够结合 RNA，但是亲和力和特异性都不强，通过尚未知晓的机制，

Core蛋白和RNA基因组被镶嵌有糖蛋白E^{rns}、E1、E2的内质网衍生的膜包裹而形成病毒颗粒，通过细胞分泌途径，从内质网腔中释放到细胞外环境中去（Murray等，2008）。

将BVDV Core蛋白纯化后研究发现，加工后的Core蛋白缺乏明显的二级结构且序列是杂乱的，但是Core蛋白能够功能性地替换一个不相关的病毒衣壳蛋白的非特异性RNA结合和浓缩区，这可能反映了Core蛋白参与RNA包装和病毒颗粒形成中的机制（Murray等，2008）。

1.2.4.3　E^{rns}糖蛋白

E^{rns}糖蛋白，又称gP48，是组成病毒囊膜结构的糖蛋白。E^{rns}包含227个氨基酸残基，处于286～496位，分子质量大小为42～48 ku，含有9个糖基化位点。E^{rns}是瘟病毒属病毒颗粒的必要组成部分。缺失E^{rns}编码区后，虽然复制子可以自发复制，却不能产生感染性的病毒颗粒，能够影响病毒的毒力和病原性。E^{rns}包含一个RNase，活性位点的序列和RNase Rh同源，是T_2/S RNase超家族的成员（Hulst等，1994）。E^{rns}能够形成二硫键相连的同源二聚体，无典型跨膜区，依赖C端区和包膜建立联系，能分泌到宿主细胞外（Fetzer等，2005）。E^{rns}能够干扰细胞中的Ⅰ型干扰素对dsRNA的反应，这种干扰依赖于E^{rns}的RNase活性和结合dsRNA的能力（Iqbal等，2004）。E^{rns}的RNase对抑制干扰素的产生和在自然宿主中建立持续性感染有重要作用（Meyers等，2007）。

E^{rns}和E2都能在感染动物体内诱导中和抗体的产生，引起保护性免疫（Hulst等，1993），E^{rns}和E2能够形成100 ku的二聚体。E1、E2的异源二聚体（75 ku）对于病毒的进入是必要的，而E^{rns}在此过程中则是不必要的。广泛的研究表明，自噬途径是宿主先天免疫的防御机制，而E^{rns}和E2在MDBK细胞中的过表达能显著地诱导细胞自噬作用的发生，而E1的过表达则不能诱导自噬（Fu等，2014）。

1.2.4.4　E1糖蛋白

E1糖蛋白，又称gp25，是组成病毒囊膜结构的糖蛋白。E1约由195个氨基酸残基组成，处于495～689位，分子质量大小为25～33 ku，有3个糖基化位点。E1有2段高度疏水区，C端的疏水区（11个氨基酸）能够结合在病毒囊膜上，是 E2 的膜锚定肽。E1、E2 的异源二聚体（75 ku）对于病毒进入细胞是必要的，E1、E2 通过将包膜和细胞膜融合，从而呈递病毒基因组进入宿主细胞质，而 E^{rns} 在此过程中则是不必要的。E1 不能诱导免疫反应，研究表明，与 E^{rns} 和 E2 不同，E1 在 MDBK 细胞中的过表达不能诱导自噬（Fu 等，2014）。

1.2.4.5　E2 糖蛋白

E2 糖蛋白，又称 gp53，是组成病毒囊膜结构的糖蛋白。E2 蛋白是病毒的主要抗原蛋白，也是 3 种糖蛋白中最具免疫原性的蛋白，对于病毒的复制是必不可少的，因此是国内外研究的重点。E2 基因序列的保守性较低，这与病毒抗原广泛的变异有关。E2 由 374 个氨基酸残基组成，处于 693 ~ 1 066 位，分子质量大小为 51 ~ 55 ku，含有保守的糖基化位点。

BVDV-1 NADL 株的 E2 有独特的晶体结构，分为区域Ⅰ、Ⅱ、Ⅲ三个高变区和跨膜区，其中区域Ⅰ、Ⅱ位于病毒粒子的外表面，具有亲水性，是最重要的抗原决定簇，能够引起免疫应答，如图 1.3 所示。区域Ⅰ，包括 693 ~ 782 位的氨基酸，是一个类似 Ig 的结构，762 位的 His 是瘟病毒中唯一保守的组氨酸。区域Ⅱ，包括 783 ~ 860 位的氨基酸，也是一个类似 Ig 的结构，最后 2 个 β 折叠的 12 个残基序列，形成了一个高度暴露的 β 发卡类结构，能够凸起深入到溶剂里。区域Ⅲ最大，且具有疏水性，包括 861 ~ 1 122 位氨基酸，由一系列 3 个小的 β 折叠组成（Ⅲ a、Ⅲ b、Ⅲ c），Ⅲ c 的二聚体结合处的疏水性表面，包含一大簇保守的芳香烃侧链，可以锚定在细胞膜或病毒包膜上，也可以作为形成 E2 同源二聚体时的融合基序。尽管区域Ⅲ的大部分的氨基酸序列高度可变，但Ⅲ c 区在瘟病毒属中是最保守的（Li 等，2013）。

E2 上有 4 个显著的抗原区 A、B、C、D，其中 A、D 抗原区位于区域Ⅱ，B、C 抗原区位于区域Ⅰ，但是区域Ⅲ并不包含任何抗原表位，说明它可能并不暴露在病毒表面（Li 等，2013）。N 端含有多种抗原结构域，是决定病毒抗原性的主要部位，同时能够介导宿主细胞识别、吸附以及抗体结合和中和反应。在 E2 N 端还有一个决定不同毒株抗原特异性的区域，其 N 端抗原区的频繁变异是导致病毒持续感染的主要原因，给疫苗的研制带来巨大难题。

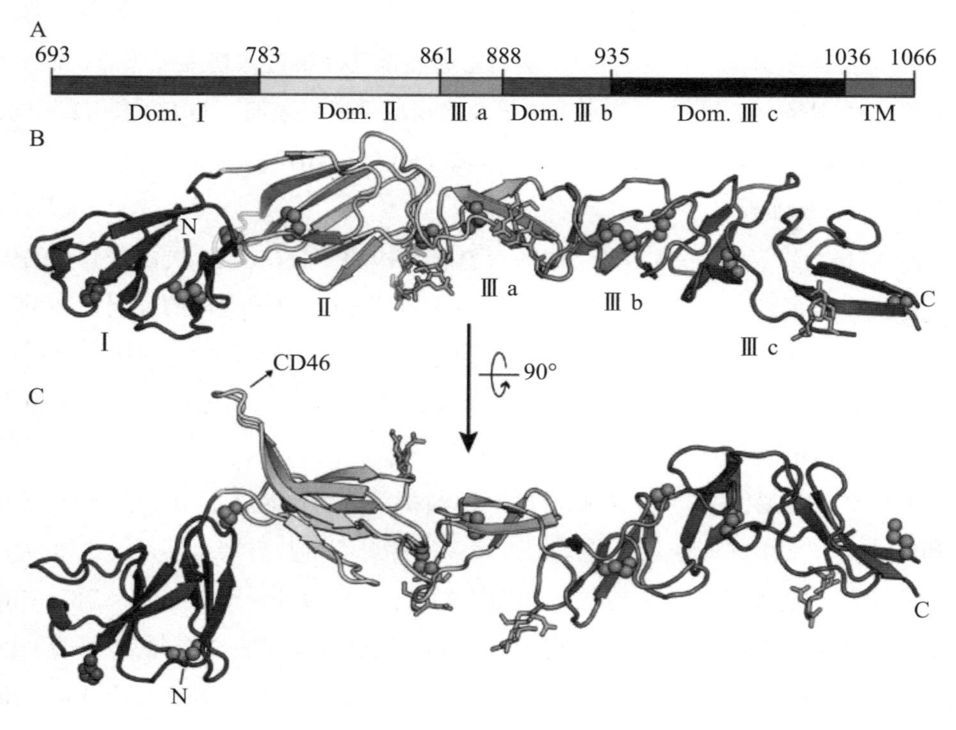

图 1.3　BVDV E2 的结构（Li 等，2013）

CSFV E2 的预测结构与 BVDV 的晶体结构类似，E2 是 CSFV 和 BVDV 中免疫原性最高的糖蛋白，能够诱导中和抗体，CSFV E2 蛋白属于Ⅰ型跨膜蛋白，N 端是胞外结构域，C 端是疏水性膜锚定区域（Weiland 等，1990）。

1.2.4.6　p7 蛋白

p7 蛋白属于非结构蛋白，由宿主细胞信号肽酶裂解加工产生，具有一定疏水性，位于结构蛋白 E2 和非结构蛋白 NS2-3 之间。在 BVDV 感染的细胞中，有 E2-p7、E2 和 p7 三种形式的蛋白存在，这是由 E2 和 p7 之间的不完全切割导致的。E2-p7 和 E2 没有前体和产物的关系，即 E2-p7 是稳定的自然状态。在组成病毒粒子的蛋白中没有 p7，说明 p7 并不是病毒的结构蛋白（孙宏进等，2011）。

研究发现，当 E2 和 p7 之间的切割被消除时，即只能产生 E2-p7 时，病毒 RNA 的复制能够发生，却产生不了感染性的病毒。进一步研究表明，E2-p7 不参与病毒基因组的复制和感染性病毒颗粒的产生，且 E2-p7 不能替代 E2 和 p7 来发挥作用，证实了 p7 是产生感染性病毒颗粒所必需的（Harada 等，2000）。

1.2.4.7 NS2-3 蛋白

NS2-3，也称 P125，是 BVDV 的非结构蛋白。NS2-3 是感染性的 BVDV 病毒粒子产生时必需的，然而研究发现，在 NS2 上的 1 576 位和 NS3 上的 1 721 位的 2 个氨基酸改变时，瘟病毒能够适应不依赖 NS2-3 的病毒的形态发生。因此推测古代的瘟病毒可能是通过不依赖 NS2-3 的途径导致病毒形态发生的，但是在后来为了适应新的宿主或感染策略时丢失了这一功能（Klemens 等，2015）。

在 NCP 型 BVDV 感染的细胞中只存在 NS2-3，而在 CP 型 BVDV 感染细胞中，不仅存在 NS2-3，还存在由 NS2-3 进一步切割形成的 NS2 和 NS3，因此认为 NS3 的产生是 CP 型 BVDV 的重要标志和信号，与宿主细胞产生 CPE 有关。NCP 型 BVDV 可以转变为 CP 型 BVDV，这是因为在 NS2 基因序列中，有时由于宿主 RNA 的插入，病毒基因组自身的重排、缺失、替换或点突变，以及缺损型干扰颗粒的作用而导致 NCP 型基因改变，产生 NS3 蛋白，从而引起 BVDV NCP 型向 CP 型的转变。

NS2 是半胱氨酸－自蛋白酶的活性，催化 NS2-3 位点的切割。编码 NS2 蛋白的基因序列中有可变区，而编码 NS3 蛋白的基因序列却非常保守。

NS3 是一个多功能蛋白，同时具有丝氨酸蛋白酶（Serine Proteinase）、解旋酶（Helicase）和核苷三磷酸酶（NTPase）三种酶活性。NS3 的丝氨酸蛋白酶活性，能够参与其下游位于病毒大开放阅读框 3′ 端 2/3 的所有非结构蛋白的多聚蛋白前体的加工（Wiskerchen 等，1991），需要辅助因子 NS4A 的协助。NS3 的核苷三磷酸酶活性能够水解 NTP 释放出能量，辅助 NS3 的 RNA 解旋酶活性发挥解旋作用，两种酶活性都是病毒 RNA 复制所必需的。

1.2.4.8 NS4A、NS4B、NS5A、NS5B 蛋白

NS4A、NS4B、NS5A、NS5B 蛋白均由 NS3 蛋白酶活性加工产生，且均为病毒复制酶的组成部分。NS4A 约由 64 个氨基酸残基组成，协助 NS3 切割加工下游的非结构蛋白，是 NS3 蛋白酶活性的辅助因子。NS4B 蛋白约含 347 个氨基酸残基。NS5A 约含 496 个氨基酸残基。NS5B 蛋白约含 718 个氨基酸残基，是 BVDV 基因组复制所需的，具有依赖 RNA 的 RNA 聚合酶活性（孙宏进等，

2011）。NS4A、NS5A 和 NS5B 都能够在 BVDV 感染的细胞中检测到，只有 NS4B 检测不到。在瘟病毒属中，NS3、NS4A、NS4B、NS5A 和 NS5B 都能够组装到活化的病毒 RNA 复制酶上（Klemens 等，2015）。

1.3 BVDV 感染引起的疾病

1.3.1 持续性感染

持续性感染是一种由 BVDV 感染引起的非常重要且常见的临床类型，能够建立持续性感染的 NCP 型 BVDV，是自然界中的主要生物型，和 CP 型 BVDV 比，更经常从患病牛体中分离出来（Bolin 等，1992）。

持续性感染（Persistent Infection，PI）的产生原因 —— 妊娠母牛在怀孕早期（125 d）子宫内感染 NCP 型 BVDV。由于这时胎儿的免疫系统发育不完全，无法识别持续性外来的 NCP 型 BVDV（Radostits 等，1988），因此，尽管胎儿出生后外表正常健康，并且能够存活到成熟期，但这种胎儿出生后便成了持续性感染动物（McClurkin 等，1984）。通常来说，持续性感染动物体内没有针对 BVDV 的中和与非中和抗体，处于免疫耐受状态。这种高度特异的免疫耐受使得病毒能够长期在体内复制，导致持续感染动物不断地排出病毒，成为 BVDV 最重要的传染源。因此，持续性感染途径是 NCP 型 BVDV 在自然界中存在的主要方式。

CP 型 BVDV 失去了对宿主基因组复制的控制，在感染细胞内对 Ⅰ 型干扰素和 dsRNA 的反应的抑制能力减弱（Baigent 等，2002）。NCP 型 BVDV 能够引起持续性感染，而 CP 型 BVDV 却不能，这是因为 CP 型 BVDV 能够诱发胎儿中 Ⅰ 型干扰素的反应，然而 NCP 型 BVDV 却不能（Charleston 等，2001）。因此，虽然 CP 型 BVDV 也能够穿过胎盘感染胎儿，却不能建立持续性感染，也就是说，CP 型 BVDV 没有维持它们在畜群中存在的机制（McClurkin 等，1984）。

1.3.2 黏膜病

黏膜病一般发病率很低，但发病后死亡率极高，是所有 BVDV 感染（图 1.4）产生的临床类型中最易致死的一类。

黏膜病（Mucosal Disease，MD）的主要临床特征为发热、白细胞减少、大量水样型腹泻、唾液分泌过多、脱水、糜烂性口腔病变，患病动物通常在出现临床症状后 10 d 内死亡。慢性黏膜病的特征为连续或间歇性腹泻、口和趾糜烂性溃疡、渐进性消瘦等，但患病动物存活时间可长达几个月（Radostits 等，1988）。

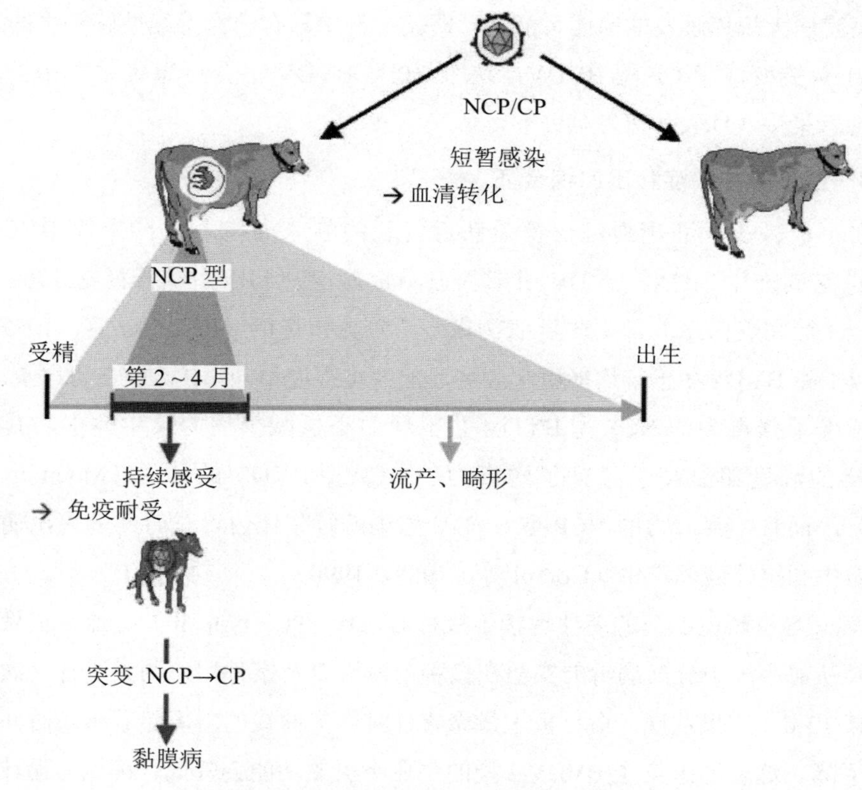

图 1.4　BVDV 的感染机制（Peterhans 等，2009）

试验证明，黏膜病可由持续性感染牛再次感染 CP 型 BVDV 而产生。但是这种 CP 型 BVDV 必须和造成持续性感染的 NCP 型 BVDV 抗原性相近才能产生黏膜病。持续性感染动物的免疫系统由于免疫耐受，不能识别外来的抗原性相似的 CP 型 BVDV，无法产生抗 CP 型病毒的中和抗体，导致了黏膜病的发生（Brownlie 等，1989，1990）。

抗原性相似的 NCP 型和 CP 型 BVDV 可以从同一个患黏膜病的牛体中一起

分离获得。在大多数病例中，感染的 CP 型 BVDV 来源于牛群中造成持续性感染的 NCP 型 BVDV 的突变。NCP 型 BVDV 的基因组由于自身基因组点突变、重排（Meyers 等，1992）、缺失、替换或宿主细胞的基因插入（如泛素基因）以及缺损型干扰颗粒的存在（Tautz 等，1994），产生了新的 NS3 的切割位点，从而导致 NS3 蛋白的产生，使得 NCP 型 BVDV 向 CP 型 BVDV 转变。

黏膜病大规模爆发的原因可能是，即使牛群中只有一只持续性感染牛的 NCP 型 BVDV 突变成了 CP 型 BVDV，这个 CP 型 BVDV 也会再感染牛群中的其他持续性感染牛（Deregt 等，1995）。

1.3.3　血小板减少症和出血综合征

血小板减少症和出血综合征是新近出现的临床类型，由 NCP 型 BVDV 的强毒株感染产生。这种 BVDV 引起的血小板减少症和出血综合征是 1987 年由 Perdrizet 等在美国东北部奶牛群病例报告中首先报道的（Perdrizet 等，1987）。BVDV-1 和 BVDV-2 感染均能引起此病，但严重程度不同，BVDV-2 更严重。

感染了强毒力的 NCP 型 BVDV 并出现血小板减少症的犊牛体中，其血清中病毒的滴度明显高于感染了弱毒力的 NCP 型 BVDV 的犊牛（Moennig 等，1992），而且，强毒力的 NCP 型 BVDV 感染的犊牛体内可长时间分离出病毒，其病毒中和抗体延迟产生（Corapi 等，1989，1990）。

Walz 等将新生的公的荷斯坦犊牛接种 BVDV 890（type Ⅱ），血小板聚集反应以及从血小板中分离病毒的实验在接种前两天以及接种后每两天进行一次，总共持续 12 d。结果发现，血小板大量聚集并且聚集曲线的斜率随着感染时间的增加而下降。这表明感染了 BVDV-2 型的牛血小板的功能会降低。可能与循环中老龄化的血小板数目百分比增加有关，这是一个直接或间接的病毒－血小板相互作用（Walz 等，1999）。血小板损伤程度增加和血小板生成能力减弱，都是 BVDV 感染引起血小板减少症的原因（沈敏等，2002）。

1.3.4　繁殖障碍

繁殖障碍是 BVDV 感染引起的一种重要临床症状，这是由母牛在受精时或妊娠早期感染 BVDV 引起的，造成反复不孕、胚胎死亡、产木乃伊胎或畸胎弱胎、死产等严重的繁殖困难。

BVDV对牛生殖的作用有重要的经济影响。生殖道的许多器官易受BVDV的感染，病毒在这些组织中的存在可能是造成持续性感染牛反复不孕的因素（Shin等，2001）。在大部分体细胞和配子中，包括感染的精液、血清、卵母细胞、卵丘细胞、卵泡液中都发现有BVDV的存在，它们被列为体外繁殖系统的可能的污染物，已经证实卵巢是BVDV复制的场所（Grooms等，1996）。

由于卵泡的形成对于生殖至关重要，因此理解BVDV和成长中的卵泡的动力学相互作用也非常必要。试验发现，BVDV急性或持续性感染和正常卵泡的活力改变有关系，因为感染要么造成在卵泡形成过程中的激素状态变差，要么对卵巢功能和卵母细胞的成熟造成直接的负面影响。一些体内和体外的试验表明，BVDV急性感染能够造成受精率和卵裂率的降低，然而这种结果在持续性感染中却没有得到证实（Kirkland等，1990）。研究结果显示，BVDV持续性感染的小母牛在卵泡数量上有改变，推断降低的原始卵泡数量与早期的病毒和生殖细胞系相互作用有关，从而直接影响卵巢个体的发生机制（Altamiranda等，2013）。

Fray等研究发现，BVDV可在卵母细胞中复制，而且BVDV急性感染与雌二醇分泌短暂的下降有关，BVDV可能通过扰乱正常类型雌二醇的分泌损害了繁殖力。因此，研究认为BVDV造成奶牛繁殖障碍的潜在途径有两个：直接影响卵母细胞的发育，损害卵母细胞的质量；破坏了卵巢类固醇的形成（Fray等，2000）。

1.4 BVDV感染的诊断与检测

1.4.1 血清学诊断

1.4.1.1 双向琼脂扩散试验

具体方法是在含有电解质的半固体琼脂板上，将可溶性抗原和抗体分别加入具有一定距离和孔径的小孔内，使其在一定条件下相互扩散至两者相遇，由于抗原抗体特异性反应形成复合物，因此出现白色沉淀线（带）。

试验中常直接采用不经过任何处理的病变组织周围的黏膜作为抗原，阳性血清作为抗体，来进行琼脂扩散试验。特点是诊断结果无株特异性，灵敏度低，准确性不高，耗费时间长。

1.4.1.2　病毒中和试验（VNT）

病毒中和试验是流行病学调查的十分有效的方法。由于BVDV感染十分复杂，除了用中和试验检测外，还需要运用其他方法进一步检测。此方法也可以作为其他检测方法，如间接ELISA的标准化。

1.4.1.3　酶联免疫吸附试验（ELISA）

具体方法是将待测抗原或抗体包被结合到固相载体上，利用抗原抗体特异性结合的特性以及标记酶和底物显色的原理，可在酶标仪中进行检测从而获得试验的数据。从20世纪80年代发展起来至今，ELISA检测一直比较经典且常用。ELISA检测BVDV的研究报道越来越多，不仅可用于检测器官或组织培养物中的病毒，还可以对整个牛群中病毒抗体水平及病毒感染状况进行实时监测。ELISA检测方法种类繁多，包括间接ELISA、阻断ELISA、双抗体夹心ELISA、抗原捕获ELISA等。由于ELISA检测的特异性强、敏感性高、简便快捷的特性，因此在基层部门的检测中应用非常广泛（张丽颖，2004）。

1.4.1.4　免疫荧光技术（IFA）

通常用将荧光素标记在相应的抗体上，直接与相应抗原反应的直接免疫荧光技术来快速检查感染细胞培养物中的病毒或者组织切片中的病毒。IFA的优点是方便快捷、特异性强且结果可靠，但是这种试验方法比较昂贵，每检查一种抗原就需要制备相应的荧光标记的抗体，而且需要配备荧光显微镜和相机来观察及记录试验结果。

1.4.1.5　免疫过氧化物酶技术（IP）

可以用标记链亲和素－生物素过氧化酶检测方法来检测组织切片中的病毒抗原。检测活牛时，采集皮肤样品即可；检测病死牛时，可采集口腔或食道黏膜来进行检测。该方法可用于检测BVDV抗原的总体分布，特点是准确性高、结果可靠。

1.4.2　分子生物学检测

1.4.2.1　反转录－多聚链式反应（RT-PCR）

根据病毒的基因组序列合成特异引物，与从病变组织、分泌物或细胞培养物中提取出的病毒 RNA，进行 RT-PCR 扩增后，再通过琼脂糖凝胶电泳进行检测。特点是特异性强、敏感性高，能与其他病毒或 BVDV 其他毒株区别开来，而且费用较低，因此应用比较广泛。

1.4.2.2　核酸杂交试验（NAH）技术

根据病毒基因组序列设计合成核酸探针，依碱基互补配对原则来检测病变组织、分泌物或细胞培养物中的病毒。探针标记物分为两类：放射性同位素标记探针和生物素等标记的探针。特点是特异性强、敏感性高，应用比较广泛。

1.5　BVDV 的流行与防治

1.5.1　BVDV 的流行现状

目前 BVDV 已呈世界性流行，并且存在多种亚型，特别是在畜牧业发达的国家，BVDV 带来了严重的经济损失。血清学调查结果显示，在北美，美国血清阳性率为 50%，加拿大则高达 84%；在南美，巴西、智利、秘鲁、阿根廷等国的阳性率为 15.1% ~ 56.0%；在澳洲，澳大利亚、新西兰的血清阳性率达 89%；在欧洲，法国的血清阳性率为 76%、瑞士的血清阳性率为 78% ~ 80%、英格兰和威尔士的血清阳性率为 54% ~ 74%，而爱尔兰的血清阳性率则将近 100%（宫晓炜等，2014）。

在我国，李佑民等于 1980 年在吉林某奶牛场首次发现该病，并通过采集病牛流产胎儿脾脏和高烧期病牛脱纤血分别在牛肾原代和次代细胞上培养，首次分离到 BVDV 的病毒株。随着我国畜牧业的蓬勃发展，规模化、现代化和集约化养殖的逐渐形成，该病已在全国范围内蔓延，新疆、内蒙古、甘肃等 20 多个地区均检测到 BVDV 的感染（李佑民等，1980）。

2014 年，王淑娟等检测了来自新疆、陕西、山东等 9 个地区共 11 个奶牛场的 996 份血清样本，发现这些奶牛场均存在 BVDV 感染，平均血清阳性率达到了 69.1%，检测出的最高血清阳性率高达 95.2%。2014 年，李智勇等检测了内蒙古地区 17 个奶牛场的 2 391 份血清样本，BVDV 抗体检测结果显示，平均血清阳性率高达 88.9%。2016 年，陈锐等从云南、新疆、甘肃和内蒙古 4 省（区）采集散养肉牛的血清共 1 332 份样本，进行 BVDV 抗体检测，血清抗体阳性率分别为内蒙古 71.43%，新疆 57.69%，甘肃 16.54%，云南 10.0%。在我国的西部地区，虽然 BVDV-1c、BVDV-1a、BVDV-1d 也存在，但流行的主要病毒亚型是 BVDV-1b。

由此看来，BVDV 不仅使集约化养牛场遭到严重感染，在西部地区的散养牛中也已经广泛流行。更严重的是，BVDV 也能够感染猪体，而且由于 BVDV 和 CSFV 之间存在交叉反应，BVDV 感染与 CSFV 感染有相似的症状，为病情的诊断和疾病的防治带来了极大困难。

1996 年，王新平等在吉林分离鉴定出第一株猪源 BVDV 分离株后，其他各地也陆续检测出猪源 BVDV。2008 年，宋永峰等对来自南方地区的 43 份样品进行了 BVDV 的 PCR 检测，发现猪群中 BVDV 的阳性率达 16.3%（宋永峰等，2008）。2012 年，邓宇等采集了 11 个省的 511 份猪的血清样本，RT-PCR 检测显示阳性率为 23.1% ~ 33.6%。这表明目前猪源 BVDV 感染在我国已经呈现地方性流行的趋势，我国的养猪业面临新的挑战。BVDV 在国内牛和猪养殖中引发的疫情已经十分严重，应当引起足够重视（祖立闯等，2016）。

1.5.2 BVDV 的防治措施

在国外，BVDV 的商品化疫苗已普及了三十年，这些疫苗主要是利用 NADL、Singer、Oregon C24V 等 BVDV 常规毒株的细胞培养物而产生的弱毒苗或灭活苗。通常来说，这些疫苗只能对感染了与其抗原性相似的毒株的动物提供保护，而对于感染了抗原性差别比较大的 BVDV 毒株则没有保护力。由于 BVDV-2 型仍能引起已接种疫苗动物产生严重且急性的临床症状，因此在很多疫苗中增加了 CP 型 BVDV-2 的组成成分。然而，普遍接种疫苗也会造成一些后果，比如不能利用血清学方法来检测畜群的 BVDV 感染情况。其实，配合使用一系列生物安全措施比仅接种疫苗更能阻止 BVDV 感染（Givens 等，2015）。

BVDV 给全球养牛业造成了无法估量的经济损失，因此很多欧美国家已经开始进行 BVDV 清除计划（Eradication program）（Givens 等，2015）。BVDV 清除计划细分为四个步骤：首先，采样和检测，评估牛群中 BVDV 感染的状态及流行趋势；其次，筛选和淘汰，包括持续性感染和急性感染的动物；再次，减少再次感染 BVDV 的风险，如接种疫苗等；最后，定期监测，评价防治措施效果。很多国家采用这套方案，大幅削减了 BVDV 在该国的流行，有效地控制了 BVDV 的感染，达到群体 BVDV 净化的目的。

目前我国尚未建立完整的 BVDV 监测和防治体系，对 BVDV 的控制任重而道远，迫切需要研究和制定出一套行之有效的综合性防治措施。

1.6 研究目的及意义

牛病毒性腹泻病毒（BVDV）流行广泛，对养牛业造成了巨大威胁。猪瘟病毒（CSFV）给养猪业造成的危害位列猪病之首。BVDV 感染猪引起类似于慢性猪瘟的临床症状和病理变化，还可降低猪瘟疫苗的免疫效果。因此，BVDV 的感染导致猪瘟防控更加困难（陶洁等，2014）。

E2 糖蛋白在瘟病毒属中高度保守，存在交叉反应性。通过查阅文献报道和序列分析，我们选取了在 CSFV E2 中序列高度保守、在 BVDV E2 中氨基酸不同的 5 个抗原表位，进行表位串联重复连接，采用原核表达系统表达、纯化，制备了抗原表位蛋白，分析了各种抗原表位多肽与抗 BVDV E2 和 CSFV E2 特异性抗体的反应性，旨在为理解 BVDV 和 CSFV 诱导的血清学交叉反应和发展血清学鉴别检测方法积累数据。

第2章　材料和方法

2.1　材料

2.1.1　质粒、细胞和病毒

pET-32a、pGEX-6P-1 质粒载体为实验室保存；pMD19-T vector 购自大连宝生物工程 Takara 公司。

大肠杆菌（*Escherichia coli*）BL21-codonplus（DE3）- RIL 和 Mach1-T1 Phage Resistant 感受态细胞为实验室保存。

猪肾 PK15 细胞系和人胚肾 293T 细胞系均为实验室保存。

BVDV-1 NADL 毒株和 CSFV Shimen 毒株为实验室保存。

2.1.2　仪器和耗材

试验主要仪器有：BECKMAN COULTER 立式低温高速离心机 Avanti J-26S XPI；Eppendorf 小型台式离心机 5418，5415D，5424R；Eppendorf 台式低温高速离心机 5810R、Eppendorf 移液枪；美国 Applied Biosystems PCR 扩增仪 2720 Thermal Cycler；德国 Biometra PCR 仪 Tprofessional Thermalcycler；Longer Pump 蠕动泵 BT100-2J；Sartorius 分析天平 BSA623S-CW；Sartorius pH 计 PB-10；赛洛捷克磁力搅拌器 MS-H-S；上海精宏恒温培养箱 DNP-9052；上海智诚摇床 ZHWY-100B 和 ZHWY-2102C；海门其林贝尔脱色摇床 TS-2000A；北京六一核酸电泳仪 DYY-6C；Bio-Rad 蛋白电泳仪 PowerPac 200；日本 HIRAYAMA 高压灭菌锅 HVE-50；日本 SANYO 制冰机 SIM-F140；日本 SANYO −40℃冰

箱 MDF-U5410；北京长风水浴锅 HW.SY11-K；Haier 立式超低温保存箱 DW-86L626；Heal Force 生物安全柜 Hfsafe-1200LC；Heraeus CO_2 细胞培养箱 HERAcell 240B；Thermo 酶标仪 multiskan MK3；Olympus 倒置显微镜 IX71、CK40。

试验主要耗材有：NEST 一次性移液管及细胞培养皿、培养板；KIMAX Kimble 蓝盖瓶；Millipore 10 000 MW CO 超滤管、0.22 μm 一次性针头滤器、0.45 μm PVDF 膜、透析袋；Axygen 移液枪吸头；光明一次性 CPE 手套、乳胶手套；酶标板购自 NEST。

2.1.3 试剂和药品

无水乙醇、甲醇、冰乙酸、丙三醇（甘油）、异丙醇、Tween 20、丙酮、氯仿、NaCl、KCl、NaOH、Na_2HPO_4、KH_2PO_4、Tris-Base、甘氨酸、琼脂粉、EDTA、SDS、溴酚蓝、考马斯亮蓝 R-250 等，均购自国药；胰蛋白胨、酵母提取物购自 OXOID 品牌；尿素，购自 AMRESCO 品牌；牛血清白蛋白 BSA、IPTG、PMSF、氧化型谷胱甘肽、还原型谷胱甘肽、氨苄青霉素、氯霉素，均购自 Biosharp 品牌；TEMED，购自北京鼎国公司；30% 丙烯酰胺溶液，购自 MDBio；脱脂奶粉，购自 BD（碧迪）品牌；琼脂糖，购自 Biowest 品牌；Ni-NTA His band resin，购自 Millipore；封口膜，购自 Parafilm 品牌。

Phusion DNA 聚合酶、限制性内切酶（*Kpn* Ⅰ、*Sal* Ⅰ、*Bam*H Ⅰ、*Xho* Ⅰ、*Dpn* Ⅰ）、dATP、dNTPs、T4 DNA 连接酶，均购自 Fermentas；随机引物 d（N）9，购自 Biocolors；逆转录酶 M-MLV，购自 Promega；KOD 酶，购自 TaKaRa；DNA DS 15000 ladder、1 000 bp ladder、*Taq* DNA 聚合酶，均购自东盛；Pageruler Prestained Protein Ladder 26616，购自 Thermo Fisher Scientific。

鼠源 Anti-His 标签单克隆抗体、辣根过氧化物酶（HRP）标记羊抗鼠 IgG、异硫氰酸荧光素（FITC）标记羊抗鼠 IgG，购自 Abkine；HRP 标记羊抗鼠 IgG 和 FITC 标记羊抗鼠 IgG，购自 Abkine；Alexa Fluor 488 标记的羊抗兔 IgG，购自 Invitrogen；Bio-Rad ECL 化学发光检测试剂盒（170-5061）、质粒小提试剂盒（D6943-02）、DNA 胶回收试剂盒（2500-02），购自 Omega；可溶性 TMB 底物溶液（双组分）和 TMB 终止液（2 mol/L H_2SO_4），购自庄盟生物（ZOMANBIO）。

低糖 DMEM 固体培养基、高糖 DMEM 固体培养基、胎牛血清，购自 Gibco 品牌。

引物合成、DNA 测序在上海生工生物工程有限公司进行，基因合成在南京金斯瑞生物公司。

2.1.4 常用溶液

（1）LB（Luria-Bertani）培养基（1 000 mL）。

①液体培养基：称取 10 g 胰蛋白胨、5 g 酵母提取物和 10 g NaCl 分别加入 900 mL 去离子水中，搅拌使其溶解混匀，于量筒中定容至 1 000 mL。在高压蒸汽灭菌锅中以 121℃，灭菌 20 min，冷却后加入需要的抗生素，混匀后置于 4℃保存。

②固体培养基：在上述培养基中加入 15 g 琼脂粉，定容至 1 000 mL 后，在高压蒸汽灭菌锅中以 121℃、20 min 的条件灭菌。待温度降至 50℃左右时，在超净工作台中加入相应的抗生素，摇晃混匀后向培养皿中倒入培养基，每个皿中倒 20～25 mL，冷却凝固后将平板倒置于 4℃保存。

（2）SOB 培养基（1 000 mL）。

称取 20 g 胰蛋白胨、5 g 酵母提取物和 0.5 g NaCl 于 900 mL 去离子水，加入之前配好的 10 mL 250 mmol/L KCl 溶液、5mL 2 mol/L $MgCl_2$ 溶液，磁力搅拌器上溶解混匀，pH 值调至 7.0，定容至 1 000 mL，高压蒸汽灭菌锅灭菌后，4℃保存。

（3）TB（Terrific Broth）培养基（1 000 mL）。

专门用于诱导蛋白表达的培养基：称取 12 g 胰蛋白胨、24 g 酵母提取物分别加入 800 mL 去离子水中，再加入 4 mL 甘油和 20 mL 钾盐缓冲液，搅拌混匀，于量筒中定容至 1 000 mL。在高压蒸汽灭菌锅中以 121℃、灭菌 20 min，冷却后加入需要的抗生素，混匀后置于 4℃保存。

钾盐缓冲液（250 mL）的配方为：称取 28.92 g KH_2PO_4 和 205.4 g K_2HPO_4，缓缓加入 100 mL 去离子水，搅拌待其溶解后，定容至 250 mL，振荡混匀，置于 4℃保存。

（4）CCMB80 缓冲液（250 mL）。

$CaCl_2 \cdot 2H_2O$　　2.94 g

$MnCl_2 \cdot 4H_2O$　　0.99 g

$MgCl_2 \cdot 6H_2O$　　0.51 g

1 mol/L pH = 7.0 乙酸钾溶液　2.5 mL

10% 甘油　　25 mL

按上述顺序称量以上药品和溶液于 200 mL 去离子水中，搅拌溶解使其混匀，调 pH 值至 6.4，定容至 250 mL，4℃保存。

（5）50×TAE 缓冲液（DNA 琼脂糖凝胶电泳缓冲液）（1 000 mL）。

Tris-Base　　242 g

冰醋酸　　57.1 mL

0.5 mol/L EDTA　　100 mL

称量以上药品和溶液于 800 mL 去离子水中，搅拌溶解混匀后定容至 1 000 mL，室温放置保存。

（6）100 mmol/L IPTG（异丙基 - β - D - 硫代半乳糖苷）。

称取 2.38 g IPTG 粉末加入 90 mL 去离子水中，搅拌溶解后，定容至 100 mL，用 0.22 μm 滤器过滤除菌分装成小份，-20℃保存。

（7）10% SDS。

10 g SDS 溶于 80 mL 去离子水，加热至 68℃溶解，定容至 100 mL，室温保存。

（8）10% 过硫酸铵（AP）。

将 0.1g 4℃避光保存的过硫酸铵溶于 1 mL 的去离子水，现配现用。

（9）1.5 mol/L Tris（pH = 8.8）分离胶缓冲液。

45.375 g Tris-Base，200 mL 去离子水溶解，用 1 mol/L HCl 调 pH 值至 8.8，加水定容至 250 mL，4℃保存。

（10）0.5 mol/L Tris（pH = 6.8）积层胶缓冲液。

12 g Tris-Base，150 mL 去离子水溶解，用 1 mol/L HCl 调 pH 值至 6.8，加水定容至 200 mL，4℃保存。

（11）5×SDS-PAGE 电泳缓冲液（1 000 mL）。

称量 15.1 g Tris-Base、94 g 甘氨酸和 50 mL 10% SDS 溶液于 700 mL 去离子水中，搅拌使其溶解混匀，定容至 1 000 mL，室温保存。使用时用去离子水 5 倍稀释至 1× 工作浓度。

（12）5×SDS-PAGE 上样缓冲液（即 Loading Buffer）（5 mL）。

取 SDS 0.5 g、溴酚蓝 25 mg、1 mol/L 的 Tris-HCl（pH = 6.8）1.25 mL、甘油 2.5 mL，加入去离子水搅拌溶解后定容至 5 mL。使用时在通风橱取出 1 mL，加入 50 μL β- 巯基乙醇，混匀后室温保存待用。

（13）SDS-PAGE 胶的配制。

① 12% 的分离胶（10 mL）：

去离子水 3.3 mL

30% 丙烯酰胺溶液 4.0 mL

1.5 mol/L Tris（pH = 8.8）分离胶缓冲液 2.5 mL

10%SDS 100 μL

10%AP（过硫酸铵） 100 μL

TEMED 4.0 μL

② 5% 的积层胶（4 mL）：

去离子水 2.7 mL

30% 丙烯酰胺溶液 0.67 mL

1.0 mol/L Tris（pH = 6.8）积层胶缓冲液 0.5 mL

10%SDS 40 μL

10%AP（过硫酸铵） 40 μL

TEMED（TEMED 是神经毒素，使用时避免吸入） 4.0 μL

（14）考马氏亮蓝染色液（500 mL）。

考马氏亮蓝 R250 0.5 g

异丙醇 125 mL

冰乙酸 50 mL

ddH_2O 325 mL

分别量取上述药品及溶液，充分搅拌使其溶解混匀，室温保存。

（15）脱色液（1 000 mL）。

去离子水 450 mL，甲醇 450 mL，冰乙酸 100 mL，混匀后室温保存。

（16）Western Blot 转膜缓冲液（1 000 mL）。

甘氨酸	14.41 g
Tris-Base	3.03 g

称取上述化学药品加入 800 mL 去离子水中，搅拌使其溶解，再加入 200 mL 甲醇，振荡混匀后，将瓶口封住，置于 4℃或冰浴待用。

（17）磷酸盐缓冲液（PBS）（1 000 mL）。

KCl	0.2 g
NaCl	8 g
KH_2PO_4	0.24 g
Na_2HPO_4	1.44 g

称量以上药品加入 900 mL 去离子水中，搅拌使其彻底溶解，pH 值调至 7.4，定容至 1 000 mL，室温储存。

（18）Tween-PBS 漂洗液（PBST）（500 mL）。

在 PBS 中加入 0.05% 的 Tween-20，即 500 mL PBS 加入 0.25 mL Tween-20。

（19）封闭液。

3% BSA：PBST 中加入 3% BSA。

5% 脱脂奶粉：PBST 中加入 5% 脱脂奶粉。

（20）抗体稀释液：PBST 中加入 1% BSA。

（21）沉淀中包涵体纯化所需要的溶液。

①裂解液（500 mL）：

10 mmol/L Tris-Base 0.601 g 加入 400 mL 去离子水中，搅拌使其溶解，HCl 调 pH 值至 8.0，再加入 100 mmol/L $NaH_2PO_4 \cdot 2H_2O$ 7.801 g，搅拌使其溶解，NaOH 调 pH 值至 8.0，定容至 500 mL。

② 8 mol/L 尿素裂解液（200 mL）：

用上述裂解液溶解 96.096 g 尿素，搅拌使其溶解，HCl 调 pH 值至 8.0，定容至 200 mL，室温短时间储存。

③透析液 pH = 8.0 （1 L）：

50 mmol/L Tris-Base 6.55 g

0.5 mmol/L EDTA-2Na 0.186 12 g

（或 EDTA 0.146 12 g）

50 mmol/L NaCl 2.902 g

10% 甘油 100 mL

1% 甘氨酸 10 g

1.6 mmol/L 还原型谷胱甘肽 0.492 8 g

0.2 mmol/L 氧化型谷胱甘肽 0.124 g

④煮透析袋的溶液：

A 液：1 mmol/L EDTA（2% $NaHCO_3$）（500 mL）

B 液：1 mmol/L EDTA（500 mL）

（22）上清液（以下简称上清）中可溶蛋白纯化所需要的溶液。

① 10 mmol/L 咪唑的 Lysis Buffer（1 L）：

150 mmol/L NaCl 17.532 g

10 mmol/L 咪唑 0.681 g

20% 甘油 200 mL

0.2% NaN_3 10 mL

50 mmol/L Tris-HCl（pH = 8.0） 50 mL

② 500 mmol/L 咪唑的 Elution Buffer（500 mL）：

150 mmol/L NaCl 8.766 g

500 mmol/L 咪唑 17.02 g

20% 甘油 100 mL

0.2% NaN_3 5 mL

50 mmol/L Tris-HCl（pH = 8.0） 25 mL

③配制不同浓度的咪唑洗脱液时，只需要将上述的 Lysis Buffer 和 Elution Buffer 按不同体积混合。

（23）ELISA 包被缓冲液（0.05 mol/L pH = 9.6 的碳酸盐缓冲液）（1 L）。

Na_2CO_3　　　1.59 g

$NaHCO_3$　　　2.93 g

加去离子水搅拌使其溶解并定容至1 L，测定pH值约9.6，4℃保存。

（24）细胞固定液。

将瓶子洗净，烘干水分，按体积比1∶1分别加入甲醇和丙酮，振荡混匀，置于 -20℃保存。

（25）TNE缓冲液（1 L）。

Tris-base　　　1.21 g

NaCl　　　5.84 g

EDTA　　　0.37 g

加去离子水搅拌使其溶解并定容至1 L，调节pH值约7.4，4℃保存。

2.2　方法

2.2.1　病毒基因组RNA的提取

提取BVDV E2的基因组RNA，RT-PCR扩增后获得cDNA。

2.2.1.1　RNA提取

（1）吸取1 mL Trizol加入适量的细胞或病毒液（约300 μL）中，轻轻混匀后，于室温静置5 min;

（2）加入1/5 Trizol体积（约200 μL）氯仿，轻轻混匀后，于室温静置5 min；

（3）混合液于4℃ 12 000*g* 离心15 min，将分离的上层液体吸到（约400 μL）新的Ep管中；

（4）加入等体积的异丙醇（约400 μL），振荡混匀后，于室温静置10 min；

（5）混合液于4℃ 12 000*g* 离心10 min，用移液枪吸弃上清；

（6）沉淀中加入1 mL预冷的75%乙醇（用DEPC处理水稀释配制），4℃

7 500*g* 离心 5 min；

（7）用移液枪吸弃上清，管底的沉淀置于空气中干燥 10 min，沉淀由白色逐渐变为半透明，加入 11.5 μL 专用的无 RNA 酶水溶解。

2.2.1.2　RT-PCR

RNA　　11.5 μL

引物　　2 μL

混匀后，离心，在 PCR 仪中 70℃，反应 5 min，之后立即冰浴，离心后加入下面的体系中：

5×MLV Buffer　　5 μL

dNTP（10 mmol/L）　　1 μL

RNA 酶抑制剂　　0.5 μL

MLV（逆转录酶）　　1 μL

ddH_2O　　4 μL

混匀后，在 PCR 仪中 42℃反应 60 min，接着 95℃反应 10 min 后，制得的产物即为 cDNA。

2.2.2　表达载体的构建

2.2.2.1　PCR 扩增目的片段

（1）高保真 Phusion DNA 聚合酶 PCR 反应。

以 cDNA 为模板，用特异性引物来扩增出所需要的目的片段。

① PCR 反应体系（50 μL）：

ddH_2O　　28.5 μL

5×Phusion HF Buffer　　10 μL

dNTPs（10 mmol/L）　　1 μL

模板 cDNA　　5 μL

Primer F（10 μmol/L）　　2.5 μL

Primer R（10 μmol/L）　　2.5 μL

Phusion DNA 聚合酶　　0.5 μL

② PCR 反应条件：

98℃预变性　30 s

98℃变性　　10 s

50 ~ 72℃退火　30 s　34 cycles

72℃延伸　　30 s/kb

72℃终延伸　10 min

（2）KOD 酶点突变 PCR 反应。

为了将 pGEX-6p-1 突变为 pGEX-6p-1-6his，方便运用 Ni 柱亲和层析的方法来纯化。在 pGEX-6P-1 载体上的 *Xho* Ⅰ位点的 15 个核苷酸之后（即 989 bp 和 990 bp 之间）插入了 6 His，序列为 CACCACCACCACCACCAC。

① KOD 酶点突变 PCR 体系（20 μL）：

模板　3 μL

Primer F　0.6 μL

Primer R　0.6 μL

dNTP（2 mmol/L）　2 μL

$MgSO_4$（25 mmol/L）　0.8 μL

10×KOD Buffer　2 μL

KOD DNA 聚合酶　0.4 μL

ddH_2O　10.6 μL

② KOD 酶点突变 PCR 反应条件：

94℃预变性　5 min

94℃变性　　1 min

68℃退火　　0　19 cycles

68℃延伸　　12 min 30 s

68℃终延伸　10 min

25℃　　pause

PCR 产物用 *Dpn* Ⅰ酶切 2 h，然后转化。

③体系（10 μL）如下：

质粒　　　　8 μL

Dpn Ⅰ　　　1 μL

10×Fast Digest Buffer　　1 μL

ddH_2O　　　0

2.2.2.2　琼脂糖凝胶电泳回收目的片段

（1）琼脂糖凝胶电泳完全分离片段DNA后（尽量使用新鲜的电泳缓冲液），在紫外灯下迅速并精确切取所需要的目的条带（紫外照射时间不可过长）；

（2）切下的胶块装入干净的1.5 mL Ep管中并称重，按每0.1 g凝胶加入0.1 mL的量加入Binding Buffer，置于50～60℃水浴，每隔2～3 min振荡一下，直至胶块完全溶解；

（3）将HiBind DNA柱子置于2 mL的收集管上，然后把彻底溶解的凝胶溶液加入到HiBind DNA柱子中，以10 000*g*离心1 min后收集下层液体，重复这一步骤后弃下层液体；

（4）加入300 μL Binding Buffer，最大转速离心1 min，弃收集管中的液体；

（5）加入700 μL SPW Wash Buffer（使用前按说明书的量加入无水乙醇混匀），最大转速离心1 min，弃收集管中的液体，重复此步骤一次；

（6）最大转速离心空的HiBind DNA柱子2 min使其干燥（使柱子干燥至关重要，残留的乙醇会对之后的应用产生影响）；

（7）将HiBind DNA柱子置于干净的1.5 mL Ep管上，在HiBind DNA柱中央的膜上加入30 μL去离子水，室温静置2 min后最大转速离心1 min；

（8）20℃储存DNA，短期保存可置于4℃。

2.2.2.3　目的片段与载体的酶切、连接

（1）目的片段连接到pMD19-T载体上，需要先在DNA片段上加A。

①PCR产物加A体系（10 μL）：

回收后的PCR片段约1 μg（小于7.5 μL）

10×*Taq* Buffer　　　　1 μL

dATP（10 mmol/L）　　1 μL

Taq DNA聚合酶（5 U/μL）　0.5 μL

ddH$_2$O　　　　补足至 10 μL

72℃反应 30 ~ 60 min。

②连接 pMD19-T 载体的体系（10 μL）：

加 A 反应后的片段约 100 ng（小于 4.5 μL）

pMD19-T 载体　　　0.5 μL

Solution Ⅰ　　　　5 μL

ddH$_2$O　　　　　补足至 10 μL

在 PCR 仪中 16 ℃反应 30 min 或者 4 ℃连接过夜，连接产物转化 *E.coli* Mach1-T1 Phage Resistant 感受态细胞。

（2）目的片段的酶切和连接。

①目的片段与质粒载体进行相同的双酶切，为了得到一样的黏性末端。

双酶切体系（20 μL）：

目的片段或质粒载体　　1 μg（小于 16 μL）

10×Digest Duffer　　　2 μL

一种限制性内切酶　　　1 μL

另一种限制性内切酶　　1 μL

ddH$_2$O　　　　　　　补足至 20 μL

37℃温箱反应 3 ~ 5 h，用胶回收试剂盒回收酶切产物。

②将目的片段与相应载体进行连接：

T4 连接酶连接体系（10 μL）：

10×T4 DNA Ligase Buffer　1 μL

T4 DNA Ligase　　　　　0.1 μL

双酶切后的载体　　　　10 ~ 50 ng

双酶切后的目的片段（片段、载体的体积比为 1∶1 ~ 5∶1）

ddH$_2$O　　　　　　　　补足至 10 μL

在 PCR 仪中 22 ℃反应 20 ~ 120 min，连接产物转化 *E.coli* Mach1-T1 Phage Resistant 感受态细胞。

2.2.2.4　大肠杆菌感受态细胞的制备及转化

大肠杆菌感受态细胞的制备及转换包括用于克隆的 *E.coli* Mach1-T1 Phage Resistant 感受态细胞和用于表达的 *E.coli* BL21-codon plus（DE3）RIL 感受态细胞。

（1）准备大肠杆菌种子菌液。

在超净工作台中用无菌接种环取感受态细胞菌液，划线接种于无抗 SOB 平板，于 37℃倒置培养过夜。于平板上挑取单菌落，接种到 5 mL 无抗 SOB 液体培养基中，23℃、225 r/min 于摇床中振荡培养过夜。在干净的 1.5 mL Ep 管中以 1：1 的体积比加入菌液和灭过菌的 30% 甘油，1 mL/ 支分装后快速冻存于 −80℃。

（2）CCMB80 方法制备感受态细胞。

① 1 mL 种子菌液接种于灭菌后的 250 mL 无抗 SOB 液体培养基，20℃ 225 r/min 于摇床中振荡培养 16 h 左右直至 OD 达 0.3；

②菌液于 4℃ 3 000 r/min 离心 10 min 后，倒掉培养基上清；

③离心后的菌体中加入 100 mL CCMB80 缓冲液，轻轻摇动使菌体重悬（不可用枪头吹打重悬）；

④菌体悬液冰浴 30 min 后，4℃ 3 000 r/m 离心 10 min，倒掉培养基上清；

⑤在菌体沉淀中加入 10 mL 预冷的 CCMB80 缓冲液，轻轻摇动使菌体重悬；

⑥ 100 μL/ 支分装于 1.5 mL Ep 管中，置于 −80℃预冷的乙醇中进行速冻，30 min 左右冻结后从乙醇中取出，−80℃保存。

（3）转化。

①从 −80℃取 100 μL/ 支感受态细胞置于冰浴中，待感受态细胞融化后，吸取 1 μL 质粒或 10 μL 连接产物缓缓加入感受态细胞悬液中，冰浴 30 min 后 42℃水浴锅中热激 90 s，再冰浴 2 min，于紫外消毒后的超净工作台中加入 800 μL 无抗 LB 液体培养基，于摇床中以 37℃ 65 r/min 慢摇孵育 45 ~ 60 min；

②转化质粒：慢摇后吸取 50 μL 菌液涂布相应抗性的平板，倒置于 37℃培养箱培养过夜；转化连接产物：将慢摇后的菌液 5 000 r/min 离心 5 min，弃去大部分培养基上清，剩余 100 ~ 200 μL 培养基，用枪头轻柔吹吸重悬菌液，将其全部均匀涂布相应抗性的平板，正面放置 15 ~ 30 min，目的是让培养基吸收菌液，之后将平板倒置于 37℃培养箱培养过夜。

2.2.2.5 阳性菌落的鉴定及质粒提取

（1）菌落PCR鉴定。

①在超净工作台中，从转化的平板上挑取单菌落于10 μL ddH_2O中，吹打混匀。取其中1 μL菌液作为模板，按如下*Taq* DNA聚合酶体系进行菌落PCR鉴定。

菌落PCR的*Taq* DNA聚合酶体系（20 μL）：

ddH_2O 15.65 μL

10×*Taq* Buffer 2 μL

dNTPs（10 mmol/L） 0.4 μL

菌液模板 1 μL

Primer F（10 μmol/L） 0.4 μL

Primer R（10 μmol/L）0.4 μL

Taq DNA聚合酶 0.15 μL

PCR反应条件：

95℃预变性3 min

95℃变性30 s

55～68℃退火30 s 30 cycles

72℃延伸60 s/min

72℃终延伸 10 min

② PCR产物加入Loading Buffer，取10 μL在1%的琼脂糖凝胶孔中点样，电泳15 min后在照胶仪下观察条带。挑选阳性菌，接种到10 mL含相应抗生素的LB液体培养基，37℃，225 r/min振荡培养12～16 h，用于小量提取质粒。

（2）质粒小量提取［参考Omega Plasmid Mini Kit Ⅰ（200）说明书］。

①过夜培养后收集菌液，于室温下10 000*g*的转速离心1 min，弃培养基上清。

②加入250 μL Solution Ⅰ（使用前必须加入RNase A）使菌体重悬，转移到新的1.5 mL Ep管中；

③加入250 μL Solution Ⅱ，轻轻颠倒旋转数次（注意避免剧烈混合使得染色体DNA断裂，降低质粒的纯度），直至溶液变透明；

④加入350 μL Solution Ⅲ，立即轻轻颠倒数次，直到白色絮状沉淀形成；

⑤最大转速离心 10 min，白色沉淀形成；

⑥将 DNA 吸附柱装入到收集管中，取上清液至 DNA 吸附柱中（注意不能吸到底部白色沉淀），最大转速离心 1 min 后弃下层液体；

⑦加入 500 μL Buffer HB（使用前按说明加入一定量的异丙醇），最大转速离心 1 min，弃下层收集管中液体；

⑧加入 700 μL DNA Wash Buffer（使用前按说明加入一定量的无水乙醇），最大转速离心 1 min，弃下层收集管中液体，重复此步骤一次；

⑨ 将空的DNA吸附柱以最大转速离心2 min使其干燥(使柱子干燥至关重要，残留的乙醇会对之后的应用产生影响）；

⑩将 DNA 吸附柱置于新的干净 Ep 管上，在吸附柱中间的膜上加入 30 ~ 50 μL 56℃温浴的 ddH_2O，室温静置 2 min 后，最大转速离心 2 min，−20℃储存 DNA。

（3）酶切鉴定：将质粒按照酶切体系进行酶切，酶切产物进行琼脂糖凝胶电泳后，在照胶仪下观察条带，鉴定质粒所含的插入目的片段的大小。

（4）选择酶切鉴定正确的质粒进行测序。

2.2.3 蛋白的表达及鉴定

2.2.3.1 蛋白的小量诱导表达

（1）分别以表达载体 pET-32a、pET-28a、pGEX-6P-1 空载体和重组表达质粒转化 *E.coli* BL21-codon plus（DE3）-RIL 感受态细胞，其中，构建到 pET-32a 和 pGEX-6P-1 上的重组质粒涂布含氨苄青霉素和氯霉素双抗的 LB 平板，构建到 pET-28a 上的重组质粒涂布含卡那霉素和氯霉素双抗的 LB 平板，过夜培养后，于超净工作台挑取单菌落的阳性克隆。

（2）挑取构建到 pET-32a 和 pGEX-6P-1 上的重组质粒阳性克隆，接种于 5 mL 含氨苄青霉素和氯霉素的 TB 培养基，挑取构建到 pET-28a 上的重组质粒的阳性克隆，接种于 5 mL 含卡那霉素和氯霉素的 TB 培养基，37℃活化培养过夜。

（3）取一部分菌液和 30% 甘油体积比 1∶1 加入 1.5 mL Ep 管中混匀，−80℃

保存。在另一部分菌液中按1∶100的比例取菌液接种于5 mL含上述双抗的TB培养基中，37℃ 225 r/min振荡培养，至OD值为0.6～0.8，取出冰浴5 min。

（4）取1 mL菌液作为未诱导表达菌对照，其余的菌液加入IPTG使终浓度达0.5 mmol/L来诱导表达，25℃ 225 r/min继续培养。IPTG诱导后3～4 h取菌液1 mL。

（5）和第2、3、4中同样的方法同时设空载体pET-32a、pET-28a、pGEX-6P-1做空白对照。

（6）将取出的未诱导和诱导后的菌液，12 000*g*离心1 min，弃上清，加入1 mL PBS使菌体重悬，12 000*g*离心1 min，弃上清。

（7）加入500 μL的PBS使菌体重悬，在冰上用手持超声破碎仪破碎细胞，超声破碎3 s，间隔6 s，每一管菌液破碎时间2～3 min。

（8）12 000*g*离心1 min，将上清移至新管中，菌体沉淀用PBS重悬，取200 μL上清和沉淀分别加入上样缓冲液制样，沸水煮10 min，冰浴5 min，-20℃储存。使用时提前取出以12 000*g*离心5 min后点样进行SDS-PAGE，SDS-PAGE分析蛋白是在上清中还是在沉淀中表达，以此来确定蛋白表达的是可溶还是不可溶（包涵体），进而选择蛋白的纯化方法。

2.2.3.2　SDS聚丙烯酰胺凝胶电泳（SDS-PAGE）

（1）配制好12%的SDS聚丙烯酰胺分离胶，在装入架子的两块玻璃板中先缓缓灌入适量分离胶，用无水乙醇封住液面（乙醇封闭的目的是使凝胶表面平整，也能隔绝空气以免影响顶部胶层愈合），室温静置1 h左右待分离胶凝固后，将无水乙醇倒掉控干，再灌入配制好的积层胶，接着插入齿梳（注意不要产生气泡），室温静置1 h左右，等待积层胶凝固。

（2）将架子置入电泳槽内，将之前配制好的5×SDS-PAGE电泳缓冲液稀释至1×工作浓度，倒入电泳槽内，使缓冲液淹没玻璃板中的凝胶，接着拔出齿梳，赶出架子底部的气泡（赶出气泡的目的是避免对电泳产生影响）。

（3）上样：从-20℃取出样品，以12 000*g*离心5 min后，吸取上清按一定顺序点样10～20 μL，空孔要点上1×上样缓冲液。

（4）电泳：将电压调至60 V，电泳1 h左右，在溴酚蓝从积层胶进入分离胶后，将电压调至120 V，电泳1.5 h左右，当溴酚蓝从分离胶的底部逸出时即可关闭电源。

（5）剥胶：将玻璃板取出置于水龙头下用细小水流冲洗（水流冲洗的目的是以免凝胶与玻璃板发生粘连），边冲边用铲子将凝胶完整地剥下来。

（6）考马斯亮蓝染色：剥下的胶置于考马斯亮蓝染液中，脱色摇床慢摇染色过夜。染色结束后加入脱色液，在脱色摇床上快摇脱色，每隔1～2 h换一次脱色液，直至凝胶的蓝色完全去除，当凝胶呈现透明无色且条带清晰可见时，即可取出进行观察和拍照。

2.2.3.3 蛋白免疫印记（Western Blot）

（1）SDS-PAGE电泳后，取下电泳后的凝胶，按照分离胶的大小剪裁6张滤纸和1张PVDF膜（一定要戴上手套，避免手上的蛋白将膜污染），PVDF膜置于甲醇中浸泡1 min后取出，与棉垫、滤纸、凝胶一起置于冰浴的转膜缓冲液中，浸泡10 min。

（2）将转膜的夹子打开，黑色的一面（即负极）水平放置在转膜缓冲液中，以棉垫、三层滤纸、电泳后的凝胶、PVDF膜、三层滤纸、棉垫的顺序，在黑色一面上依次铺好上述装置（各层之间注意避免产生气泡），将白色的一面放下来合起夹子（膜两边的滤纸不能相互接触，否则会发生短路）。

（3）将夹子缓缓放入槽中，注意夹子的白色一面要对着槽的红面，夹子的黑色一面要对着槽的黑面，将槽子放入冰水进行转膜，80 V电压下转膜1 h（蛋白大小不同，转膜时间也不同）。

（4）封闭：用镊子夹出PVDF膜，在脱色摇床上用PBST快摇清洗2次，每次10 min，洗涤后用5%的脱脂牛奶封闭，于室温脱色摇床上慢摇封闭2 h或者4℃封闭过夜。

（5）一抗孵育：将PVDF膜在脱色摇床上用PBST快摇清洗3次，每次10 min，加入用1% BSA稀释好的一抗，于室温慢摇孵育60 min。

（6）二抗孵育：一抗孵育后的PVDF膜，置于脱色摇床上用PBST快摇清洗4次，每次10 min，加入用1% BSA稀释的HRP标记的二抗，室温下慢摇孵育40 min，在脱色摇床上用PBST快摇清洗4次，每次10 min。

（7）ECL 化学发光检测，于暗室中进行 X- 光胶片曝光。

2.2.4　蛋白纯化

2.2.4.1　大量诱导

（1）取 200 μL 30% 甘油保存的菌液，接种于 20 mL 含相应抗体的 TB 培养基，37℃ 225 r/min 过夜培养（12 ~ 16 h）。

（2）将 20 mL 的菌液转接到 1 L TB 培养基中，37℃ 225 r/min 振荡培养，至 OD 值为 0.6 ~ 0.8（2 h 左右），取出冰浴 15 min。

（3）加入 500 μL 1 mol/L IPTG（终浓度 0.5 mmol/L），25℃ 225 r/min 振荡培养 4 h。

（4）4℃ 10 000*g* 离心 5 min，弃去培养基上清，菌体沉淀加入适量 PBS 重悬（洗涤）后，再 4℃ 10 000*g* 离心 5 min，弃去上清 PBS，加入新的 PBS 重悬后，分为 3 ~ 5 管，-80℃冻存。

2.2.4.2　沉淀中的包涵体的纯化

（1）尿素变性纯化。

①将 -80℃冻存的菌液取出，置于 37℃水浴融化，加入 PBS 至体积到达 30 mL。

②加入溶菌酶（1 mg/mL）30 μL 混匀，置于 37℃水浴，每隔 5 min 转动吹打菌液，直至其变黏稠。

③加入 30 μL PMSF（苯甲基磺酰氟），混匀后，置冰上超声破碎，超声破碎 3 s，间隔 6 s，每隔 10 min 搅拌吹打菌液，破碎至菌体清亮为止（40 ~ 60 min）。

④ 4℃ 10 000*g* 离心 10 min，弃去上清，加入 10 mL pH 值为 8.0 的 8 mol/L 尿素裂解液，吹打重悬沉淀，4℃静置 1 h，使其变性。

⑤ 4℃ 10 000*g* 离心 10 min，弃去沉淀，收集上清至干净的大离心管里，加入 2 mL 镍柱填料，翻转混匀 1 h。

⑥将混匀的结合液加入亲和层析柱中，调节恒流泵的流速，收集结合后的流穿液，测 OD 值。

⑦加入 pH 值为 6.3 的 8 mol/L 尿素裂解液洗杂蛋白，取不同时刻的流穿液测

OD 值，直至 OD 值＜ 0.005 或保持稳定后，让其流净进入下一步。

⑧加入 pH 值为 4.5 的 8 mol/L 尿素裂解液洗脱目的蛋白，调节恒流泵的流速使其变慢，用 1.5 mL Ep 管收集，接满 1 mL 后换下一干净 Ep 管。

⑨测不同 Ep 管收集液的 OD 值，选择 OD ＞ 0.3 的进行透析。

⑩制样：将破碎后、结合后、pH 值为 6.3 洗杂后以及 pH 值为 4.5 收集的液体各取 100 μL，加入上样缓冲液沸水煮 10 min，冰浴 5 min，−20℃储存，用于 SDS-PAGE 分析。

（2）蛋白的透析复性。

蛋白质在变性后结构会遭到破坏成为伸展状态，复性是指将变性剂（如尿素）逐渐从蛋白溶液中除掉，使得变性后的蛋白能够重新折叠为正常的空间结构，将还原剂从蛋白溶液中除掉是为了恢复氨基酸之间的二硫键的形成。实验室常运用透析方法来复性，优点是能够人为地控制变性剂去除速度，且复性后的蛋白溶液体积不会增加太多；缺点是极易产生沉淀，且只能应用于实验室小量复性，不能应用于大规模生产中。

①透析袋的处理方法：选择合适截留量的透析袋剪下 15 ~ 20 cm 段，在 pH 值为 8.0 的 1 mmol/L EDTA（2% $NaHCO_3$）溶液中煮沸 10 min，用去离子水漂洗 5 次后，置于 pH 值为 8.0 的 1 mmol/L EDTA 溶液中煮沸 10 min，去离子水漂洗 5 次（透析过程结束后浸泡于 50% 乙醇中保存）。

②将 Ni 柱纯化后收集的 OD 值＞ 0.3 的蛋白，加入处理过的透析袋中，将液体中的气泡赶出，透析袋两端用专用的夹子夹紧（注意不可使夹子夹住的透析袋内液体体积过大，以免透析后液体体积可能增加从而涨破透析袋）。

③置于装有 200 mL pH 值为 5.5 的 6 mol/L 尿素透析液的烧杯中，烧杯放置在冰浴中或 4℃，用磁力搅拌器慢速搅拌。

④隔 4 ~ 8 h 换一次透析液，依次换成 pH 值为 6.5 的 4 mol/L、pH 值为 7.4 的 2 mol/L、pH 值为 8.0 的 0 mol/L 的尿素透析液及 0 mol/L 尿素裂解液（极有可能产生白色絮状沉淀）。

⑤收集透析后的液体，−80℃冻存。取一部分制样，透析后的混合液，以及离心上清和沉淀分别加入计算好体积的 5× 上样缓冲液沸水煮 10 min，冰

浴 5 min，-20℃储存用于 SDS-PAGE 分析。

2.2.4.3 上清中的可溶性蛋白的纯化

（1）将 -80℃冻存的菌液取出，置于 37℃水浴融化，加入 PBS 至体积到达 30 mL。

（2）加入溶菌酶（1 mg/mL）30 μL 混匀，置于 37℃水浴，每隔 5 min 转动吹打菌液，直至其变黏稠。

（3）加入 30 μL PMSF（苯甲基磺酰氟），混匀后，置冰上超声破碎，超声破碎 3 s，间隔 6 s，每隔 10 min 搅拌吹打菌液，破碎至菌体清亮为止（40 ~ 60 min）。

（4）4℃ 10 000*g* 离心 10 min，收集上清至干净的管子里，加入 2 mL 镍柱填料，4℃翻转混匀 1 h。

（5）将混匀的结合液加入亲和层析柱中，调节恒流泵使其流速适中，收集结合后的流穿液，测 OD 值。

（6）依次用 20 mmol/L、50 mmol/L、100 mmol/L 咪唑的 lysis buffer 洗杂蛋白，每次洗杂时取不同时刻的流穿液测 OD 值，直至 OD 值＜0.005 或保持稳定后，让其流净进入下一步。

（7）20 mmol/L、50 mmol/L、100 mmol/L 咪唑浓度梯度依次洗杂后，加入 250 mmol/L 咪唑的 Lysis Buffer 来洗脱收集目的蛋白，调节恒流泵的流速使其变慢，用 1.5 mL Ep 管收集，接满 1 mL 后换下一干净 Ep 管。

（8）测不同 Ep 管收集液的 OD 值，选择 OD 值＞0.3 的蛋白收集液冻存至 -80℃。

（9）将破碎后，结合后，经 20 mmol/L、50 mmol/L、100 mmol/L 咪唑浓度梯度洗杂后，以及 250 mmol/L 咪唑收集的液体各取 100 μL，加入上样缓冲液沸水煮 10 min，冰浴 5 min，-20℃储存用于 SDS-PAGE。

2.2.5 蛋白浓度测定

参照 Bradford 方法，以 BSA 为标准蛋白绘制标准曲线，从而测定蛋白浓度。

（1）在 1.5 mL 离心管配制质量浓度分别为 0 μg/mL、100 μg/mL、150 μg/mL、

200 μg/mL、250 μg/mL、300 μg/mL 的 BSA 溶液各 1 mL。

(2)各取 100 μL 到新的 1.5 mL 离心管中，加入 1 mL Bradford 试剂，迅速混匀。

（3）混匀后，室温静置 10 min，期间颠倒混匀 1 ~ 2 次。

（4）以 0 μg/mL 的 BSA 作为空白对照，按顺序测定每管 OD 值。

（5）重复（1）~（4）步，计算两次测量的 OD 平均值。

（6）以 BSA 蛋白浓度为横坐标，BSA 蛋白各浓度的 OD 值为纵坐标，在 Excel 表格中制作出标准曲线。

（7）用同样的方法，取 100 μL 蛋白样品加入 1 mL Bradford 试剂中，测定样品的 OD（注意：透析后的蛋白如有沉淀，加入等体积的 1 mol/L NaOH 促进蛋白溶解，混匀静置 10 min 后再加入 Bradford 试剂中测 OD）。

（8）按标准曲线计算出蛋白样品的浓度（注：测量需要 30 min 内完成）。

2.2.6 抗体的制备及鉴定

2.2.6.1 抗体的制备

（1）首次免疫：将纯化后的蛋白与弗氏完全佐剂等体积乳化，100 μg/ 只腹腔注射 6 ~ 8 周龄的 BALB/c 小鼠。

（2）第二次免疫：首次免疫两周后，将纯化后的蛋白与弗氏不完全佐剂等体积乳化，50 μg/ 只腹腔注射进行第二次免疫。

（3）采血检测：第二次免疫两周后，剪断小鼠尾巴尖端 1/5 进行少量采血（100 μL 左右），间接免疫荧光检测是否产生抗体。

（4）第三次免疫：若第二次免疫两周后检测到的抗体比较少，可进行加强免疫，将透析后的蛋白与弗氏不完全佐剂等体积乳化，50 μg/ 只腹腔注射进行第三次免疫。

（5）采血：第三次免疫两周后进行小鼠摘除眼球取血，采集的血液在 37℃温箱中静置 1 h，4℃静置过夜后，低转速离心 15 min，将分层的血清吸出并分装，冻存于 -80℃备用。

（6）采集阴性血清：按步骤（4）的方法采集正常小鼠的血，分离血清备用，作为试验中的阴性对照。

2.2.6.2　抗体的鉴定

间接免疫荧光试验（Indirect Immunofluorescence Assay，IFA）步骤如下所述。

（1）将细胞铺至12孔细胞培养板中，用病毒感染细胞，培养72 h后弃细胞上清，用PBS洗涤3次，每次3 min，将板子中的PBS甩干。

（2）固定：每孔加入500 μL预冷的固定液，平置于-20℃冰箱中固定30 min，固定后用PBS洗涤3次，每次3 min，将板子中的PBS甩干。

（3）封闭：每孔加入500 μL 3% BSA溶液，37℃培养箱封闭30 min，封闭后用PBS洗涤3次，每次3 min，将板子中的PBS甩干。

（4）一抗孵育：每孔加入400 μL 1% BSA稀释的一抗血清（包括制备的待测阳性血清、阴性血清），阳性对照为兔抗NS3多克隆抗体1∶300稀释，37℃培养箱中孵育90 min，PBS洗涤3次，每次3 min，将板子中的PBS甩干。

（5）二抗孵育：对于待测血清和阴性血清的孔，每孔加入400 μL 1% BSA稀释的FITC标记的羊抗鼠IgG溶液，而阳性对照的孔加入400 μL 1% BSA 1∶1000稀释的Alexa Fluor 488标记的羊抗兔IgG溶液，37℃培养箱中孵育60 min，PBS洗涤3次，每次3 min，将板子中的PBS甩干。

（6）每个孔中加入适量PBS，置于荧光显微镜下观察染色结果。

2.2.7　病毒的纯化

病毒浓缩纯化后用于抗体效价的间接ELISA测定。

（1）将接毒后培养72 h的培养皿反复冻融3次，8 000*g* 4℃离心40 min。

（2）取离心后的上清，加入终浓度7%的PEG20000和0.3 mol/L的NaCl，在磁力搅拌器上4℃搅拌过夜。

（3）8 000*g* 4℃离心50 min，弃掉上清，沉淀用TNE缓冲液重悬，得到浓缩病毒液。

（4）配制浓度为10%、20%、30%、40%、50%的蔗糖溶液，过滤除菌。

（5）利用注射器从离心管底部分别加入10%、20%、30%、40%、50%的蔗糖溶液形成密度梯度，上方缓缓加入浓缩病毒液，37 000 r/min，4℃离心12 h，从上至下吸取各离心带。

（6）测定各离心带OD260和OD280，浓度最高的利用超滤管超滤去除蔗糖，所得的溶液即为纯化的病毒。

2.2.8 间接ELISA方法的建立

（1）包被：将纯化后的病毒悬液用包被液做不同浓度的稀释，每孔100 μL包被酶标板，4℃包被过夜，用PBST洗涤3次，每次5 min，洗完后在纸上将板子拍干（注意：每份样品要做2～3个平行，最后测量时取平均值）。

（2）封闭：加入封闭液3% BSA，每孔300 μL，37℃培养箱中封闭60 min后，用PBST洗涤3次（洗涤及拍干方法同上）。

（3）一抗孵育：用1% BSA将待检血清按适当倍数稀释，每孔加入100 μL，37℃培养箱内孵育45 min后，用PBST洗涤5次（洗涤及拍干方法同上）。

（4）酶标二抗孵育：HRP标记羊抗鼠IgG抗体用1%BSA按1∶5000稀释后，每孔加入100 μL，37℃温箱中孵育40 min，洗涤5次（方法同上）。

（5）加TMB底物溶液：可溶性TMB底物溶液中的溶液A和B 1∶1混合均匀，每孔加入100 μL，用纸包好酶标板放入37℃培养箱，避光显色10 min。

（6）终止显色反应：每孔加入100 μL 2 mol/L H_2SO_4终止液，轻轻摇晃板子使底物和终止液混匀（避免产生气泡），20 min内测定OD值。

（7）OD值的测定：打开酶标仪，测量在波长450 nm处的OD值。

抗体效价的判定方法：P/N值＝样品孔OD450值/阴性对照孔OD值，P/N值≥2.1为阳性，以阴性OD值小于2.0，P/N值≥2.1时的最大稀释倍数作为该抗体的效价。

2.2.9 间接ELISA检测抗原与抗体反应

2.2.9.1 间接ELISA操作步骤

（1）包被：用包被液将纯化后的抗原表位多肽溶液进行适当浓度的稀释，每孔100 μL包被酶标板，4℃包被过夜，用PBST洗涤3次，每次5 min，洗完后在纸上将板子拍干（注意：每份样品要做2～3个平行，最后测量时取平均值）。

（2）封闭：加入封闭液，每孔300 μL，37℃培养箱中封闭60 min后，用PBST洗涤3次（洗涤及拍干方法同上）。

（3）一抗孵育：用 1% BSA 将待检血清进行适当倍数稀释后，每孔加入 100 μL，37℃培养箱内孵育 45 min 后，用 PBST 洗涤 5 次（洗涤及拍干方法同上）。

（4）酶标二抗孵育：HRP 标记羊抗鼠 IgG 抗体用 1% BSA 按 1:5000 稀释后，每孔加入 100 μL，37℃温箱内孵育 40 min，洗涤 5 次（方法同上）。

（5）加 TMB 底物溶液：可溶性 TMB 底物溶液中的溶液 A 和 B 1:1 混合均匀，每孔加入 100 μL，用纸包好酶标板放入 37℃培养箱，避光显色 10 min。

（6）终止显色反应：每孔加入 100 μL 2 mol/L H_2SO_4 终止液，轻轻摇晃板子使底物和终止液混匀（避免产生气泡），20 min 内测定 OD 值。

（7）OD 值的测定：打开酶标仪，测量在波长 450 nm 处的 OD 值。

2.2.9.2　间接 ELISA 方法检测抗原表位和 BVDV E2 鼠抗血清的反应

（1）抗原表位多肽的最适包被浓度和待测血清稀释浓度的初步确定。

用碳酸盐缓冲液（CBS）将 6E1、6E2、6E3、6E4 和 5E5 蛋白抗原按不同浓度 20 μg/mL、10 μg/mL、5 μg/mL、1 μg/mL、0.1 μg/mL 稀释，在酶标板上每孔加入 100 μL，4℃包被过夜。洗涤后，3% BSA 作为封闭液来封闭。阳性血清及阴性血清按 1∶100、1∶200、1∶400、1∶800、1∶1600 和 1∶3200 进行倍比稀释后每孔加入 100 μL。酶标二抗按 1:5000 进行稀释，一抗 37 ℃反应 45 min，酶标二抗 37℃反应 40 min，加入 TMB 底物溶液后 37℃避光显色 10 min，加入 2 mol/L H_2SO_4 终止反应，测定阴、阳性血清 OD450 值。选择 P/N 值最大，且阳性血清的 OD450 值在 1.0 左右和阴性血清 OD450 值比较低的组合，从而初步确定抗原最适包被浓度和血清稀释度。

（2）抗原表位多肽的最适包被浓度和待测血清稀释浓度的具体确定。

在上述初步确定的基础上，选择合适的包被浓度，一抗待测血清做进一步倍比稀释，和上述相同条件下再次进行方阵滴定试验，平行重复 2 个孔。选择为组合中 P/N 值最大且阳性血清 OD450 在 1.0 左右、阴性血清 OD450 < 0.2 时所对应的组合，从而具体确定抗原最适包被浓度和血清稀释度。

2.2.9.3　间接 ELISA方法检测抗原表位多肽和 CSFV E2 鼠抗血清的反应

按照上述抗原表位多肽和 BVDV E2 鼠抗血清反应的 ELISA 优化后的条件，检测抗原表位多肽和 CSFV E2 鼠抗血清的反应。

2.2.9.4 结合能力检测

按照上述优化后的抗原包被浓度和一抗血清稀释度，将 BVDV E2 鼠抗血清作 50～3 200 倍 7 个梯度稀释，操作完成后，分析结果。

2.2.9.5 重复性检测

（1）批内重复性试验。

在一块酶标板上同批次包被蛋白，检测 BVDV E2 鼠抗血清、CSFV E2 鼠抗血清和小鼠阴性血清，重复 6 个孔，按照确定的 ELISA 步骤进行操作，计算出平均值、方差和变异系数，分析试验结果。

（2）批间重复性试验。

在 3 个不同的时间分别包被 3 块酶标板，其余条件和上述相同，检测 BVDV E2 鼠抗血清、CSFV E2 鼠抗血清和小鼠阴性血清，在同一个板上每个血清重复 2 个孔，按照和上述相同的 ELISA 步骤进行操作，计算出平均值、方差和变异系数，分析试验结果。

第 3 章　BVDV E2 和 CSFV E2 蛋白表达纯化及抗体制备

3.1　结果

3.1.1　BVDV E2 基因和 CSFV E2 基因的扩增

3.1.1.1　BVDV E2 基因扩增

以 BVDV NADL 株病毒基因组 RNA 为模板，RT-PCR 扩增得到 BVDV E2 全长基因，片段长度为 1 122 bp，如图 3.1（a）所示，PCR 产物凝胶电泳的条带与预期一致。

BVDV E2 全长基因的 PCR 产物进行加 A 反应后回收，连接 pMD19-T 载体，挑选阳性克隆，进行 *Kpn* Ⅰ和 *Sal* Ⅰ双酶切鉴定，酶切后的载体和片段的条带大小分别为 2 669 bp 和 1 147 bp，如图 3.1（b）所示，酶切后凝胶电泳的条带大小与预期一致。pMD-BE2 测序鉴定正确。

以 pMD-BE2 为模板，用引物 F-E2-1 和 R-E2-999、F-E2-271 和 R-E2-999、F-E2-1 和 R-E2-1122 分别进行 PCR 扩增位于 E2 1 ~ 999 位、271 ~ 999 位、1 ~ 1 122 位（E2 全长）的核苷酸序列，编码的氨基酸位置分别位于 E2 1 ~ 333 位、91 ~ 333 位、1 ~ 374 位，如表 3.1 所示。PCR 扩增得到 BVDV 基因片段分别称为截短的 $BtE2^{333}$、$BtE2^{243}$ 和全长 $BE2^{374}$，核苷酸序列长度分别为 999 bp、729 bp、1 122 bp，如图 3.2 所示，PCR 产物凝胶电泳后的条带与预期一致。

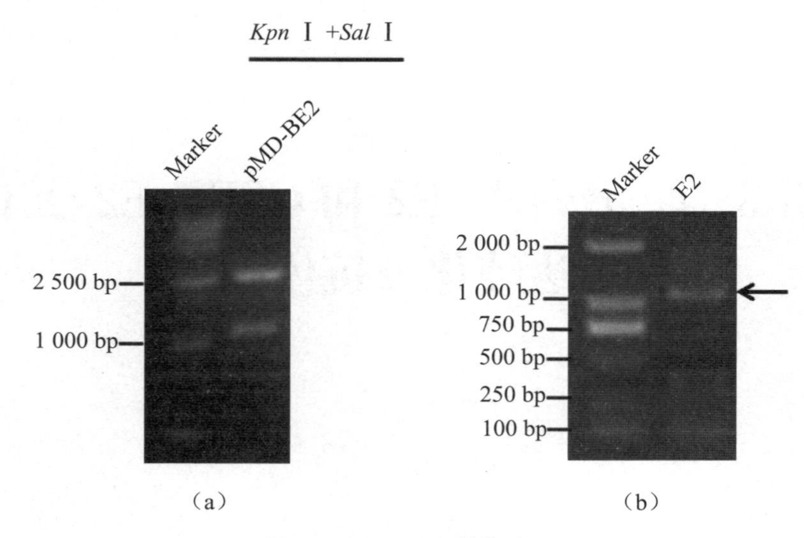

图 3.1 pMD-BE2 的构建

（a）cDNA 为模板扩增 BVDV 全长 E2 PCR 产物（1 122 bp）;

（b）pMD-BE2 *Kpn* Ⅰ和 *Sal* Ⅰ双酶切鉴定

表 3.1 构建 BVDV E2 需要的引物

引物	引物序列 (5′→3′)
F-BVDV-E2-1	CACTTGGATTGCAAACCTGAATTC
R-BVDV-E2-1122	CCCTAAGGCCTTCTGTTCTGATAAG
F-E2-1	CGGGGTACCCACTTGGATTGCAAACCTGAATTCTCG (*Kpn* Ⅰ)
R-E2-999	CCGCTCGAGAGTCACCTCCAGGTCAAACCAGTATTG (*Xho* Ⅰ)
F-E2-271	CGGGGTACCGATGTAGTCGAAATGAACGACAACTTTG (*Kpn* Ⅰ)
R-E2-999	CCGCTCGAGAGTCACCTCCAGGTCAAACCAGTATTG (*Xho* Ⅰ)

续表

引物	引物序列 (5′→3′)
F-E2-1	CGGGGTACCCACTTGGATTGCAAACCTGAATTCTCG (*Kpn* I)
R-E2-1122	CCGCTCGAGCCCTAAGGCCTTCTGTTCTGATAAGAC (*Xho* I)

注：下划线部分表示的是限制性内切酶序列。

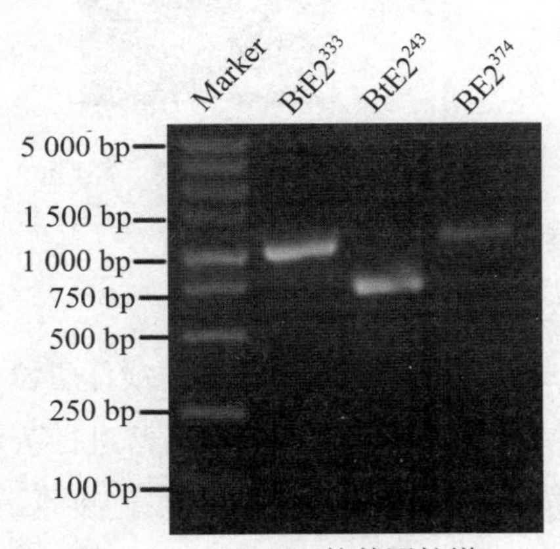

图 3.2　BVDV E2 的基因扩增

3.1.1.2　CSFV E2 基因片段的扩增

以公司合成的 CSFV E2 基因 pUC/CE2 为模板，用 F-pUC/CE2 和 R-pUC/CE2 引物扩增 CSFV 截短 E2 基因片段 CtE2^{177}，该基因片段位于 CSFV Shimen 株 E2 N 端 1 ~ 531 位的核苷酸序列，长度为 531 bp，编码的氨基酸序列为 CSFV E2 上的 1 ~ 177 位，由 177 个氨基酸组成，如表 3.2 所示。如图 3.3 所示，PCR 扩增出的条带与预期大小符合。

表 3.2　构建 CSFV E2 需要的引物

引物	引物序列 (5′→3′)
F-pUC/CE2	CGCGGATCCCGGCTAGCCTGCAAGGAAGATTACAGG (*Bam*H Ⅰ)
R-pUC/CE2	CCGCTCGAGCAGATCTTCATTTCGACCGTCGTGG (*Xho* Ⅰ)

注：下划线部分表示的是限制性内切酶序列。

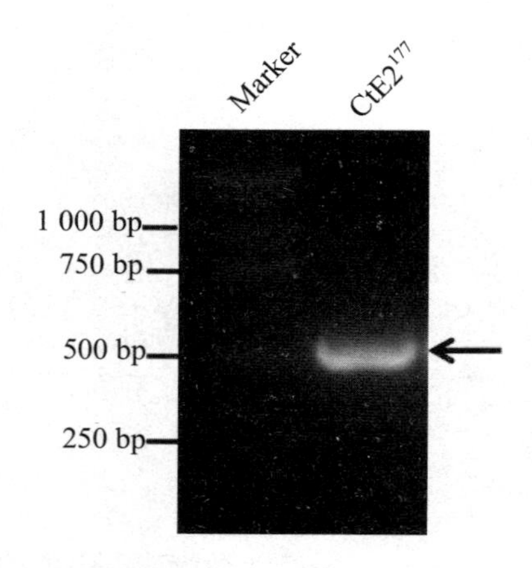

图 3.3 CSFV E2 的基因扩增（531 bp）

3.1.2 重组质粒的鉴定

3.1.2.1 BVDV E2 表达质粒的鉴定

将 PCR 扩增的 E2 截短基因片段和 pET-32a 载体质粒一起用 *Kpn* Ⅰ和 *Xho* Ⅰ双酶切，分别进行 T4 酶连接、转化，挑取单菌落进行菌落 PCR，挑选菌落 PCR 阳性的菌液接种氨苄抗性的 LB 培养基，37 ℃过夜培养后提质粒，质粒 pET/$BtE2^{333}$、pET/$BtE2^{243}$、pET/$BE2^{374}$ 用 *Kpn* Ⅰ和 *Xho* Ⅰ双酶切鉴定，酶切后的片段条带分别为 999 bp、724 bp、1 122 bp，如图 3.4 所示，电泳结果与预期相符合，表明目的基因已被克隆到相应载体中。

选择酶切结果正确的重组质粒，由上海生工生物公司进行测序，结果显示目的基因插入载体的位置和基因序列完全正确，测序结果见附录 1、2、3。

3.1.2.2 CSFV E2 表达质粒的鉴定

将 CSFV E2 截短基因片段 $CtE2^{177}$ 的 PCR 产物和 pET-28a 载体质粒一起用 *Bam*H Ⅰ和 *Xho* Ⅰ双酶切，分别进行 T4 酶连接，转化，涂卡那霉素抗性的 LB 平板，37 ℃培养过夜。

挑选菌落 PCR 阳性的菌液接种卡那霉素抗性的 LB 液体培养基，37 ℃过夜培养后提质粒，质粒 pET/$CtE2^{177}$ 用 *Bam*H Ⅰ和 *Xho* Ⅰ双酶切鉴定，酶切后的片段条带大小为 531 bp，如图 3.5 所示，电泳结果与预期相符合，表明目的基因已被克隆到相应载体中。

Kpn Ⅰ + *Xho* Ⅰ

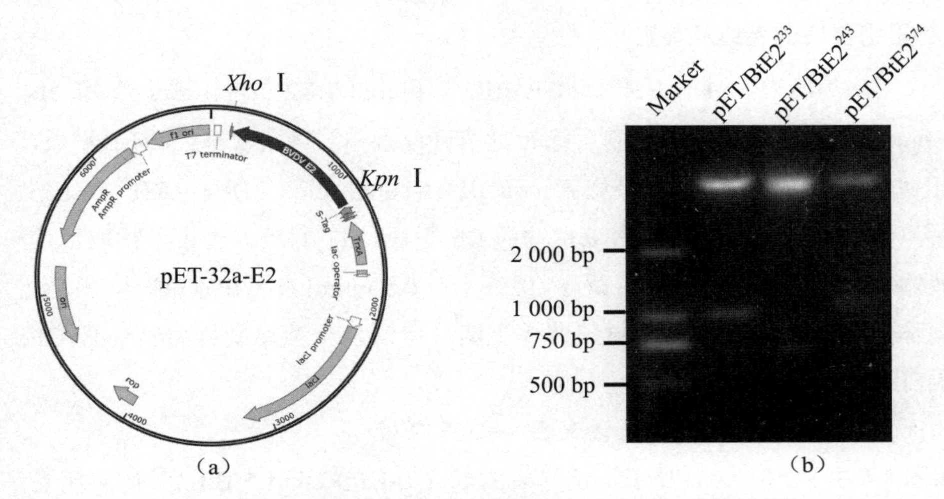

图 3.4　BVDV E2 表达质粒的 *Kpn* Ⅰ和 *Xho* Ⅰ酶切鉴定

（a） 重组质粒载体构建示意图；（b） pET/BtE2^{333}、pET/BtE2^{243}、pET/BE2^{374} 酶切后的片段大小分别为 999 bp、724 bp、1 122 bp

*Bam*H Ⅰ + *Xho* Ⅰ

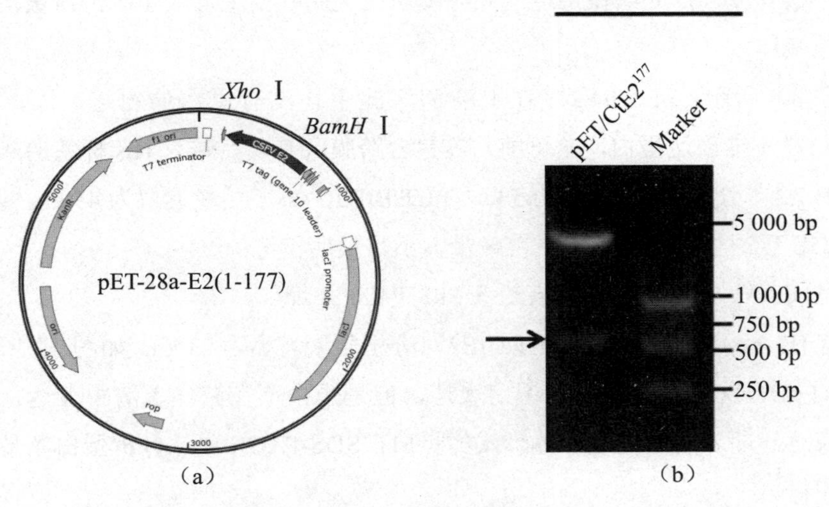

图 3.5　CSFV E2 表达载体的 *Bam*H Ⅰ和 *Xho* Ⅰ酶切鉴定

（a）重组质粒载体构建示意图；（b）pET/CtE2^{177} 酶切后的片段大小为 531 bp

选择酶切结果正确的重组质粒，由上海生工生物公司进行测序，结果显示插入载体的片段完全正确，测序结果见附录 4。

3.1.3 重组蛋白的表达及鉴定

测序正确的质粒 pET/BtE2^{333}、pET/BtE2^{243} 和 pET/BE2^{374} 转化 *E. coli* BL21-codon plus（DE3）RIL 感受态细胞后涂布氨苄青霉素和氯霉素双抗性的 LB 平板，测序正确的质粒 pET/CtE2^{177} 转化 *E. coli* BL21-codon plus（DE3）RIL 感受态细胞后，涂布卡那霉素和氯霉素双抗性的 LB 平板，37 ℃培养过夜，挑取单菌落到液体培养基中培养进行小量诱导。经终浓度 0.5 mmol/L 的 IPTG 诱导 4 h 后，收集菌体，经超声破碎后分别收集菌体上清、沉淀及全菌体制样，SDS-PAGE 分析蛋白的表达。

3.1.3.1 BVDV E2 蛋白的诱导表达及 SDS-PAGE 分析

如图 3.6 中 SDS-PAGE 显示，诱导后的 pET/BtE2^{333} 和 pET/BtE2^{243} 均有明显的蛋白表达，但是蛋白不在菌体上清中表达，而在沉淀中表达，这说明表达的是不可溶的蛋白，即包涵体形式的蛋白。形成包涵体的原因是，在重组蛋白的原核表达过程中，由于蛋白表达量过高、大肠杆菌中缺乏某些蛋白质折叠的辅助因子或环境不适等原因，无法使重组的外源蛋白在大肠杆菌中形成正确的次级键，从而形成包涵体。

如图 3.6 所示，pET/BE2^{374} 在上清和沉淀中均没有蛋白的表达，因此认为 pET/BtE2^{374} 不能表达蛋白，这可能与其包含跨膜区有关。带有 His 标签的融合蛋白 pET/BtE2^{333} 分子质量近似为 55 ku，pET/BtE2^{243} 分子质量近似为 45 ku，图 3.6 SDS-PAGE 后诱导后沉淀中的蛋白条带大小与预期相符。

3.1.3.2 CSFV E2 蛋白的诱导表达及 SDS-PAGE 分析

带有 His 标签的融合蛋白 pET/CtE2^{177} 分子质量大小为 23 ku。如图 3.7 所示，诱导后的 pET/CtE2^{177} 有明显的蛋白表达，但是蛋白不在菌体上清中表达，而在沉淀中表达，即表达的是包涵体形式的蛋白，SDS-PAGE 电泳分析蛋白条带大小与预期相符。

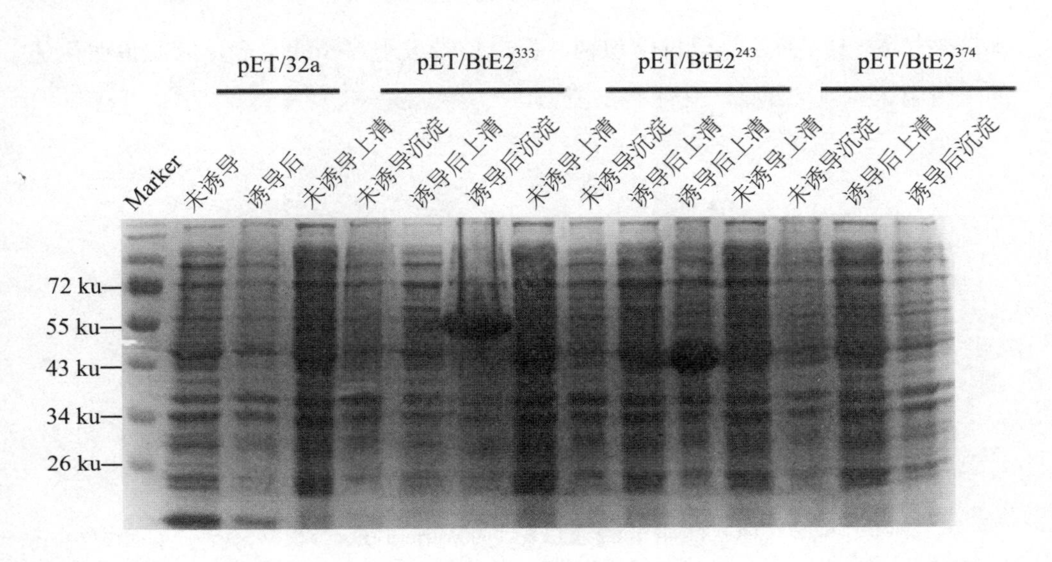

图 3.6 重组质粒 pET/BtE2[333]、pET/BtE2[243] 和 pET/BE2[374] 在 *E.coli* 中诱导蛋白表达分析

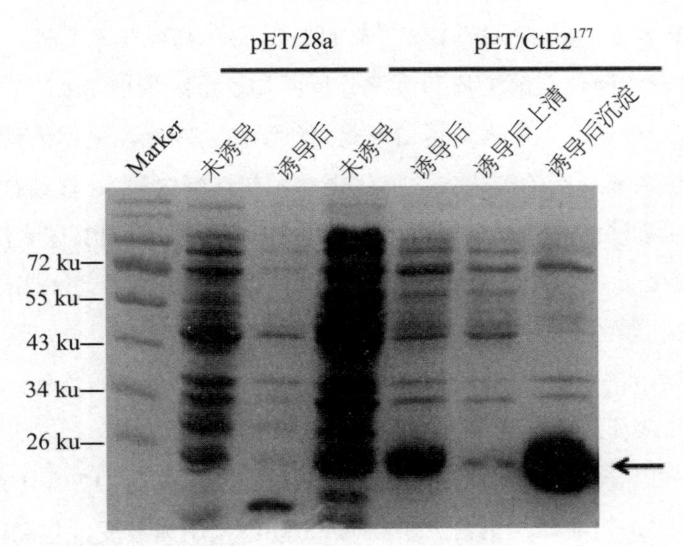

图 3.7 重组质粒 pET/CtE2[177] 在 *E.coli* 中诱导蛋白表达分析

3.1.3.3 Western Blot 免疫印记分析

重组表达质粒 pET/BtE2[243]、pET/BtE2[333] 和 pET/CtE2[177] 进行小量诱导，表达的蛋白分子质量分别为 45 ku、55 ku、23 ku，取诱导后的全菌体制样，进行 Western Blot。ECL 化学发光检测结果如图 3.8 所示，这些表达与 His 融合的蛋白

都能被抗6×His的单克隆抗体识别，蛋白条带大小与预期符合，因此说明构建的重组表达质粒均正确表达了目的蛋白。

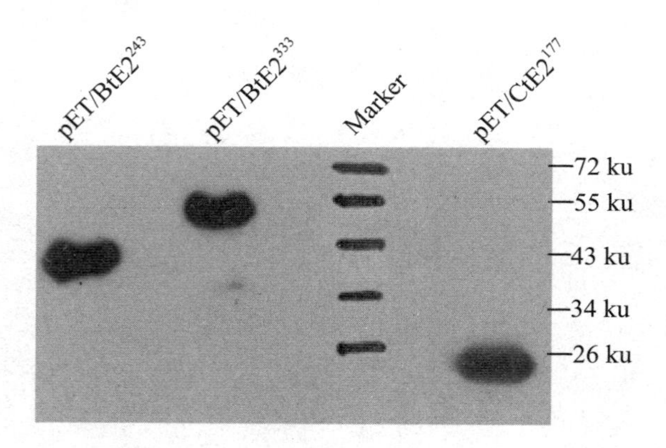

图3.8　重组E2蛋白表达的Western Blot分析

3.1.4　重组蛋白的纯化

3.1.4.1　BVDV E2蛋白pET/BtE2^{333}及pET/BtE2^{243}的纯化及复性

通过对表达菌体裂解上清和沉淀分析所知，重组蛋白BtE2^{333}及BtE2^{243}主要在菌体沉淀中表达，说明表达蛋白形式为包涵体。因此，采用尿素变性包涵体蛋白和用Ni柱亲和层析的纯化方法纯化蛋白。变性蛋白和Ni柱结合后用pH = 6.3的8 mol/L尿素洗涤液洗去杂蛋白，最后用pH = 4.5的8 mol/L尿素洗脱目的蛋白，从而获得纯化蛋白，蛋白大小分别为55 ku和45 ku。纯化蛋白用透析的方法进行蛋白复性。如图3.9所示，经纯化获得高纯度目的蛋白组分，透析复性后蛋白绝大部分在溶液中以沉淀形式存在。

3.1.4.2　CSFV E2蛋白pET/CtE2^{177}的纯化及复性

pET/CtE2^{177}表达的蛋白是CSFV Shimen株E2 N端1～177位的氨基酸序列，表达蛋白形式是包涵体，蛋白大小约为23 ku。采用尿素变性包涵体蛋白和用Ni柱亲和层析的纯化方法纯化蛋白。变性蛋白和Ni柱结合后用pH = 6.3的8 mol/L尿素洗涤液洗去杂蛋白，最后用pH = 4.5的8 mol/L尿素洗脱目的蛋白，从而获得纯化后的蛋白。纯化蛋白用透析的方法进行蛋白复性。如图3.10所示，经纯化获得高纯度目的蛋白组分，透析复性后蛋白绝大部分在溶液中以沉淀形式存在。

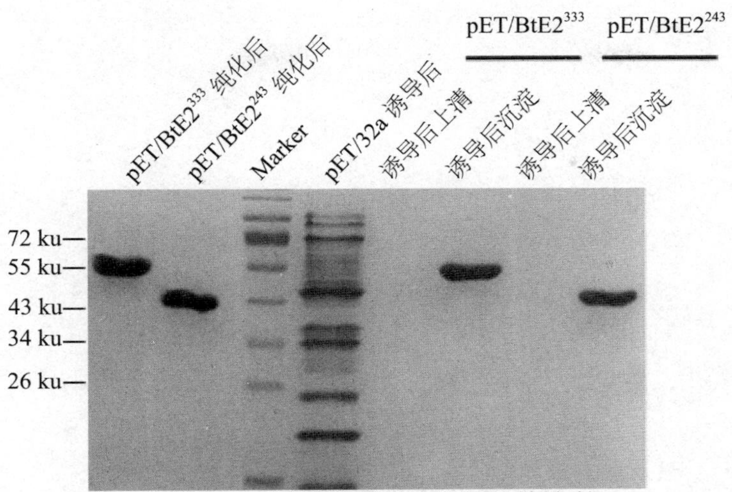

图 3.9　BVDV E2 蛋白的纯化及透析复性

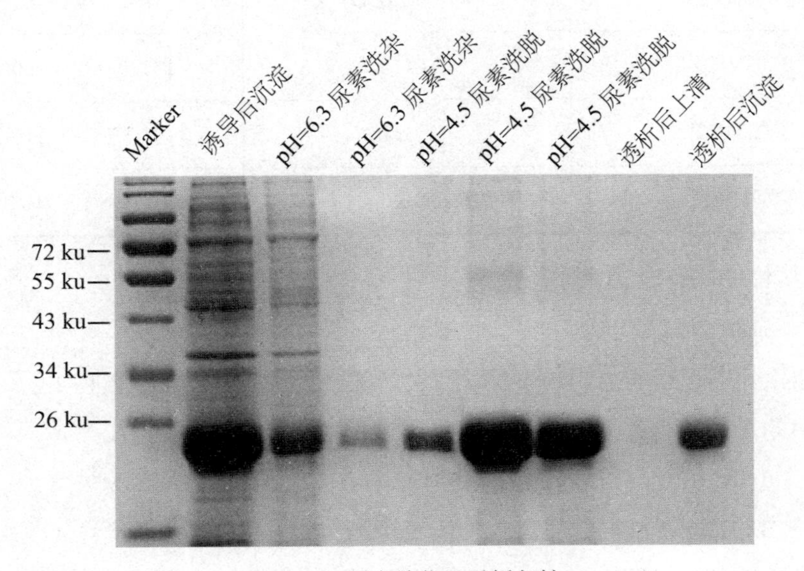

图 3.10　CSFV E2 蛋白纯化及透析复性（23 ku）

3.1.4.3　蛋白浓度的测定

BSA 作为参照的蛋白浓度标准曲线如图 3.11 所示，Bradford 法测出蛋白的 OD 值，根据标准曲线可计算得出蛋白的浓度。pET/BtE2^{333}、pET/BtE2^{243} 和 pET/CtE2^{177} 表达蛋白的 OD 值和蛋白浓度如表 3.3 所示。

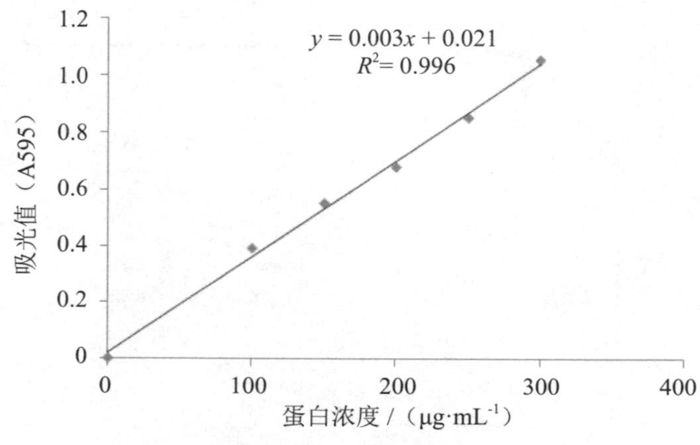

图 3.11　BSA 蛋白标准曲线

表 3.3　3 种重组 E2 蛋白纯化后的浓度

蛋白样品	吸光值 (OD)	浓度 /(μg ·mL^{-1})
BVDV E2^{333}	0.415	131.33 × 2 = 262.66
BVDV E2^{243}	0.337	105.33 × 2 = 210.70
CSFV E2^{177}	1.526	510.70 × 2 = 1021.40

3.1.5　抗体的制备及鉴定

3.1.5.1　抗体的制备

将纯化并透析后的 BVDV E2 蛋白 E2^{333} 和 E2^{243}，CSFV E2 蛋白 E2^{177} 分别按第 2 章中的步骤免疫健康 BALB/c 小鼠，进行多克隆抗体的制备。

3.1.5.2　BVDV E2 和 CSFV E2 抗体与对应病毒 E2 蛋白的特异性反应

（1）BVDV E2 鼠抗的间接免疫荧光检测。

用截短的 BVDV E2 蛋白 E2^{333} 制备的鼠抗血清为一抗，对 BVDV 感染的 PK15 细胞进行间接免疫荧光染色检测，结果显示，BVDV 感染的 PK15 细胞出现特异的绿色荧光［图 3.12(a)］，与阳性对照相似［图 3.12(c)］，而当用作为阴性对照的正常小鼠血清对 BVDV 感染的 PK15 细胞进行间接免疫荧光检测，BVDV 感染的细胞却没有绿色荧光［图 3.12(b)］。

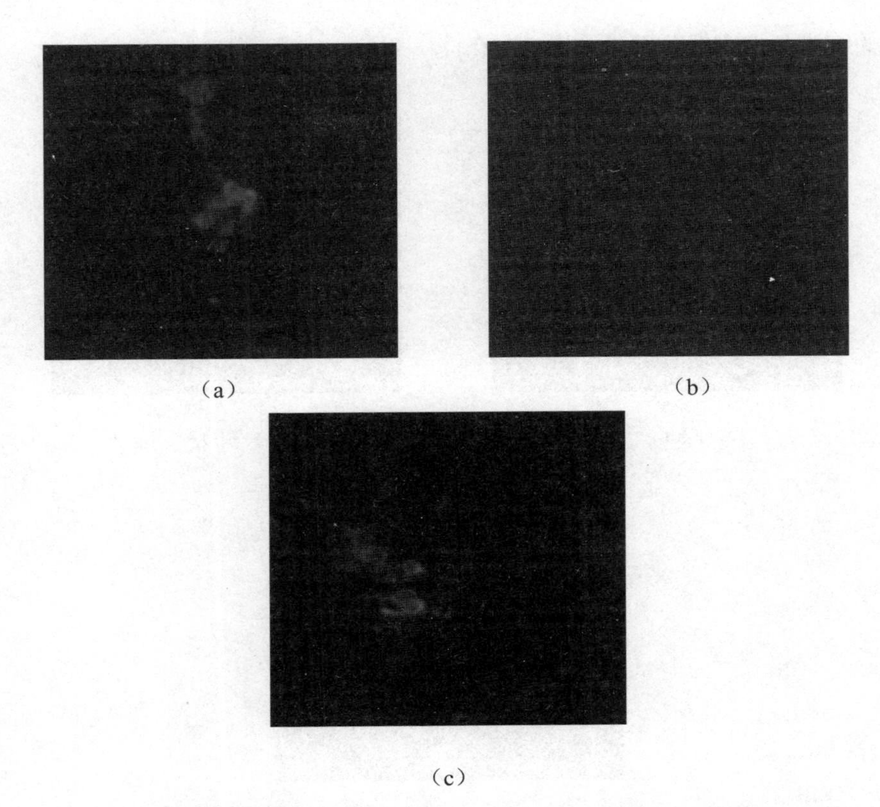

（a）　（b）　（c）

图 3.12　间接免疫荧光染色检测 BVDV E2 抗体的反应特异性

（a）BVDV E2 鼠抗血清；（b）正常小鼠的血清（阴性对照）；（c）NS3 抗体（阳性对照）

上述结果表明，BVDV E2 蛋白 $E2^{333}$ 免疫小鼠制备的血清抗体是针对 BVDV E2 蛋白的特异多克隆抗体。

用 BVDV E2 蛋白 $E2^{243}$ 制备的鼠抗血清对 BVDV 感染的 PK15 细胞进行间接免疫荧光检测，发现 BVDV 感染的细胞并没有出现绿色荧光，说明 BVDV E2 蛋白 $E2^{243}$ 免疫小鼠没有产生特异性多克隆抗体。

（2）CSFV E2 鼠抗的间接免疫荧光检测。

用截短的 CSFV E2 蛋白 $E2^{177}$ 制备的鼠抗血清为一抗，对 CSFV 感染的 PK15 细胞进行间接免疫荧光染色检测，结果显示，CSFV 感染的 PK15 细胞出现特异的绿色荧光［图 3.13(a)］，与阳性对照相似［图 3.13(c)］，而当用作为阴性对照的正常小鼠血清对 CSFV 感染的 PK15 细胞进行间接免疫荧光检测，CSFV

感染的细胞却没有绿色荧光［图 3.13(b)］。

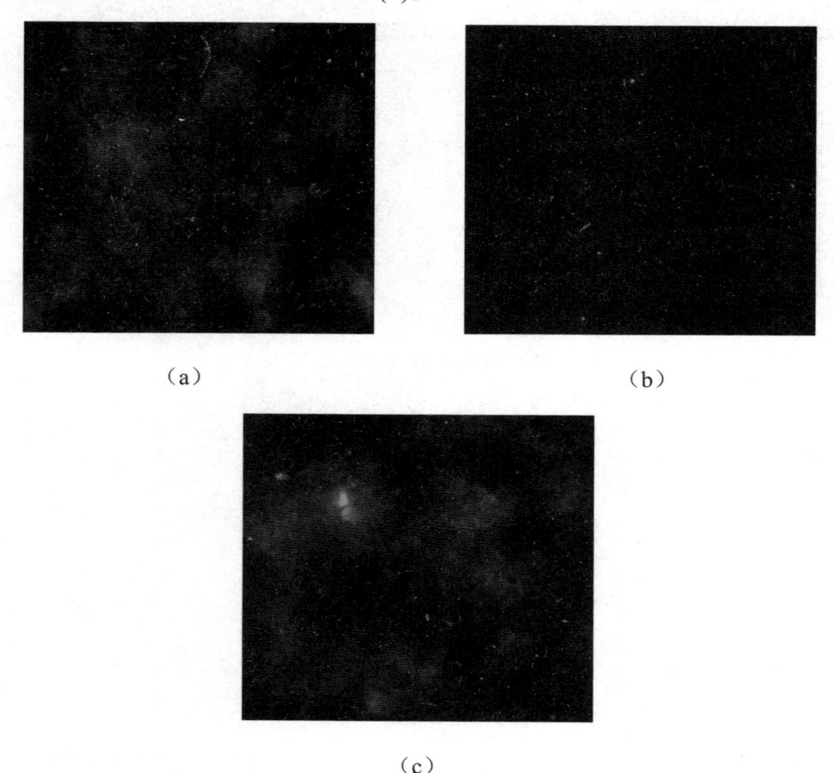

（a）　　（b）

（c）

图 3.13　间接免疫荧光染色检测 CSFV E2 抗体的反应特异性

（a）CSFV E2 鼠抗血清；（b）正常小鼠的血清（阴性对照）；（c）NS3 抗体（阳性对照）

上述结果表明，制备的血清抗体是针对 CSFV E2 蛋白的特异多克隆抗体。

3.1.5.3　间接 ELISA 抗体测定抗体的效价

（1）间接 ELISA 测定 BVDV E2 鼠抗血清的效价。

如表 3.4 所示，当包被病毒的浓度为 5×10^{5} $TCID_{50}$，且一抗血清稀释度为 1∶300 时，符合 P/N 值＞2.1 且阴性值＜0.2，此时的一抗血清最大稀释倍数为 1∶300，因此 BVDV E2 鼠抗血清的效价为 1∶300。

（2）间接 ELISA 测定 CSFV E2 鼠抗血清的效价。

如表 3.5 所示，当包被病毒的浓度为 5×10^{6} $TCID_{50}$，且一抗血清稀释度为 1∶100 时，符合 P/N 值＞2.1 且阴性值＜0.2，此时的一抗血清最大稀释倍数为

1 : 100，因此 CSFV E2 鼠抗血清的效价为 1 : 100。

表 3.4　间接 ELISA 测定 BVDV E2 鼠抗血清的效价

血清稀释度	包被浓度 $TCID_{50}$ 阳性血清				包被浓度 $TCID_{50}$ 阴性血清			
	1×10^6	5×10^5	1×10^5	1×10^4	1×10^6	5×10^5	1×10^5	1×10^4
1 : 200	0.700	0.535	0.381	0.249	0.269	0.211	0.195	0.154
1 : 300	0.509	0.352	0.232	0.162	0.207	0.158	0.127	0.102

表 3.5　间接 ELISA 测定 CSFV E2 鼠抗血清的效价

血清稀释度	包被浓度 $TCID_{50}$ 阳性血清					包被浓度 $TCID_{50}$ 阴性血清				
	5×10^6	1×10^6	5×10^5	1×10^5	5×10^4	5×10^6	1×10^6	5×10^5	1×10^5	5×10^4
1 : 100	0.355	0.259	0.238	0.248	0.228	0.167	0.163	0.151	0.171	0.154
1 : 200	0.218	0.199	0.197	0.202	0.203	0.149	0.139	0.131	0.127	0.137
1 : 300	0.208	0.185	0.138	0.182	0.170	0.149	0.136	0.128	0.121	0.132

3.2　讨论

3.2.1　BVDV E2 截短的抗原区结构分析

前期研究（Li 等，2013）显示，用原核系统表达的 BVDV E2 蛋白成功进行了其晶体结构和各个区域功能解析。根据前期报道，我们选择了 BVDV E2 的一个胞外区（693 ~ 1 025 氨基酸残基）、一个缺失了 N 端 90 个氨基酸（△N90）的胞外区（783 ~ 1 025 氨基酸残基）和 E2 全长（69 ~ 1 066 氨基酸残基）三种不同长度的 E2 编码片段构建表达质粒。按照 E2 的氨基酸数目分别命名为 $E2^{333}$、$E2^{243}$ 和 $E2^{374}$。其中 $E2^{333}$ 包括区域Ⅰ、区域Ⅱ和区域Ⅲ等部分（包括Ⅲ a、Ⅲ b 和缺少了 C 端 10 个氨基酸的Ⅲ c）。$E2^{243}$ 包括区域Ⅱ和区域Ⅲ等部分（包括

Ⅲ a、Ⅲ b 和缺少了 C 端 10 个氨基酸的Ⅲ c），缺失掉了包含抗原区 B 和 C 的区域Ⅰ。$E2^{374}$ 是整个 E2 全长，包括区域Ⅰ、区域Ⅱ和区域Ⅲ以及包含了 30 个氨基酸的 C 端的跨膜区（图 3.14）。

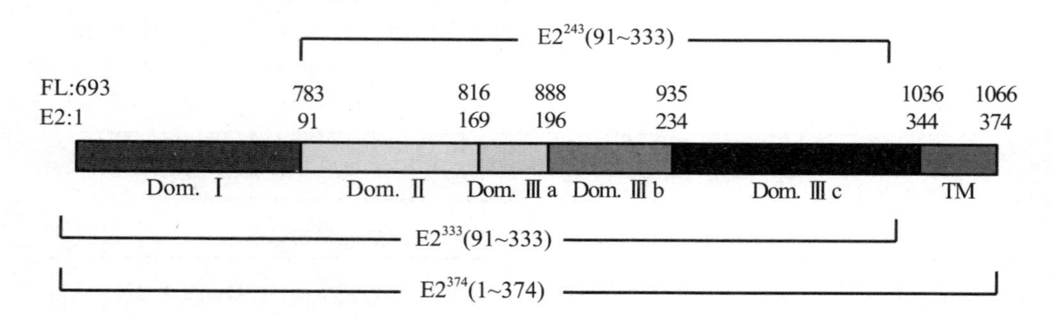

图 3.14　BVDV NADL 株 E2 示意图

在我们的研究中发现，两种截短的 E2 蛋白 $E2^{333}$、$E2^{243}$ 能够高效表达，全长 $E2^{374}$ 蛋白不能表达，推测 $E2^{374}$ 含有的跨膜区可能阻碍了表达，这与早期报道（李娇等，2008；黄美玲等，2016）一致。去除了 E2 蛋白 C 端的跨膜疏水区可能有利于 BVDV E2 在原核系统中表达。也有报道显示（徐兴然等，2005），在大肠杆菌中表达我国 BVDV 分离株 E2 蛋白时，跨膜疏水区的存在对蛋白表达有影响。

用纯化的 $E2^{333}$、$E2^{243}$ 蛋白免疫小鼠制备鼠抗多克隆抗体，间接免疫荧光结果显示，$E2^{333}$ 免疫小鼠制备的抗体能够与 BVDV E2 特异性反应，而 $E2^{243}$ 免疫诱导的抗体不能产生反应，研究表明，BVDV E2 N 端伸出 BVDV 囊膜表面，含有多种依赖于构象的抗原结构域，是决定 BVDV 抗原性和介导中和免疫反应的主要部位（Donis 等，1991）。本章中缺失了 N 端 90 个氨基酸的截短 E2 突变体蛋白免疫小鼠诱导的抗体不能与 E2 产生反应，暗示 BVDV E2 N 端是 E2 的主要抗原性部位。

3.2.2　BVDV E2 和 CSFV E2 蛋白表达形式

大肠杆菌原核达系统具有操作简单、成本低廉、蛋白表达量大、易于纯化等优点，是制备重组蛋白的一种重要工具。pET 原核表达质粒可受到 *E.coli* 提供的 T7RNA 聚合酶诱导，载体 N 端带有的 His 标签，可用 Ni-NTA 亲和层析纯化。

早期报道有研究利用 pET 原核表达载体表达了 BVDV E2 和 CSFV E2 重组蛋白，表达的蛋白皆以包涵体形式存在（李娇等，2008；肖红冉等，2013；周景明等，2015）。本章利用原核表达载体 pET-32a 构建了重组表达质粒 pET/BtE2[333]、pET/BtE2[243]，在 *E. coli* 中表达 BVDV 截短的 E2 蛋白，利用原核表达载体 pET-28a 构建了重组表达质粒 pET/CtE2[177]，在 *E. coli* 中表达 CSFV 截短的 E2 蛋白，表达的 BVDV 和 CSFV E2 重组蛋白均以包涵体形式存在。

以包涵体形式表达的蛋白，要经过变性和复性才能得到可溶的蛋白。虽然复性后蛋白的活性容易降低，但包涵体形式的表达能够避免宿主菌内的蛋白酶对外源蛋白的降解，有利于目的蛋白的富集和分离纯化。

3.2.3 BVDV E2 和 CSFV E2 多克隆抗体

早期有报道将复性后的重组 BVDV E2 蛋白免疫新西兰雌性白兔，成功制得 BVDV E2 兔抗血清（高欲燃等，2010；杨有武等，2013）。本研究探索用纯化的重组蛋白免疫 SPF BALB/c 小鼠制备抗 BVDV E2 和 CSFV E2 多克隆抗体。由于小鼠便于饲养管理、成本低，更易操作，是研究重组蛋白免疫原性和制备小量抗血清的首选策略之一。

本章中 BVDV E2 和 CSFV E2 重组蛋白以包涵体形式表达，经尿素变性、Ni 柱亲和层析和透析复性纯化。试验中发现，蛋白溶液复性后会产生大量沉淀，尽管尝试了改变透析液成分、缩小透析液浓度梯度差等办法，问题仍然未能解决。由于蛋白主要存在于沉淀中，超滤管浓缩复性后上清无法达到免疫小鼠的剂量，我们用透析后的沉淀来免疫小鼠。具体做法是用移液枪吸头反复吹打透析后的上清沉淀混合液中的絮状沉淀，使其破碎成更加细小的颗粒，保证能够透过 1 mL 注射器针头，再与佐剂混合后免疫 BALB/c 小鼠，成功制备了多克隆抗体。这种用复性后的沉淀免疫小鼠制备多克隆抗体的方法，为其他包涵体蛋白制备抗体提供了借鉴。

早期有报道用重组 E2 蛋白作为包被抗原的间接 ELISA 方法测定抗体的效价（杨有武等，2013）。本章中建立了用纯化病毒作为包被抗原的间接 ELISA 方法来测定抗体的效价，更能反映出抗体与天然结构 E2 蛋白的反应性质。间接

ELISA 检测了 BVDV E2 和 CSFV E2 鼠血清抗体的效价显示，用 5×10^5 $TCID_{50}$ BVDV 病毒包被时，BVDV E2 抗体的效价为 1∶300；当 5×10^6 $TCID_{50}$ CSFV 病毒包被时，CSFV E2 抗体的效价为 1∶100。

第 4 章　BVDV E2 抗原表位多肽的表达和纯化

4.1　结果

4.1.1　BVDV E2 表位编码基因片段的扩增

通过比对序列，确定了与 CSFV E2 保守抗原表位序列对应的 BVDV E2 上的表位氨基酸序列，表位 1：CKPEFSYAIAKDERIGQLGAEGLT，表位 2：AEGLTTTWKEYSPGMK，表位 3：LFDGRKQ，表位 4：TSFNMDTLA，表位 5：TYRRSKPFPHRQGCITQKNLGE。将每个表位氨基酸做 6 次重复，重复抗原表位分别称为 6E1、6E2、6E3、6E4、6E5。

由南京金斯瑞公司合成 PUC57-6E1、6E2、6E4、6E5 四个质粒，pMD19-T-7e3 由自己合成，具体方法参考（Qi 等，2009）。以这 5 个质粒为模板，设计两端带有 *Bam*H I 和 *Xho* I 位点的引物，如表 4.1 所示，分别将 6E1、6E2、6E3、6E4、6E5 扩增下来，获得两端具有 *Bam*H Ⅰ和 *Xho* Ⅰ位点的 6E1、6E2、6E3、6E4、5E5 基因片段，PCR 扩增后的片段大小分别为 504 bp、360 bp、168 bp、234 bp、390 bp。值得一提的是，由于 6 个重复的序列扩增具有难度，因此表位 5 尝试了多次却只能扩增到了 5 个重复。如图 4.1 所示，PCR 产物凝胶电泳后的条带与预期相符合。

为了方便之后的纯化，pGEX-6p-1 载体在 *Xho* Ⅰ后 15 个碱基处插入 6His 序列，成为 pGEX-6p-1-6his，具体方法为 KOD 酶点突变 PCR，引物为表 4.1 中所示的 F/R-Ins6his-after pGEX-15。

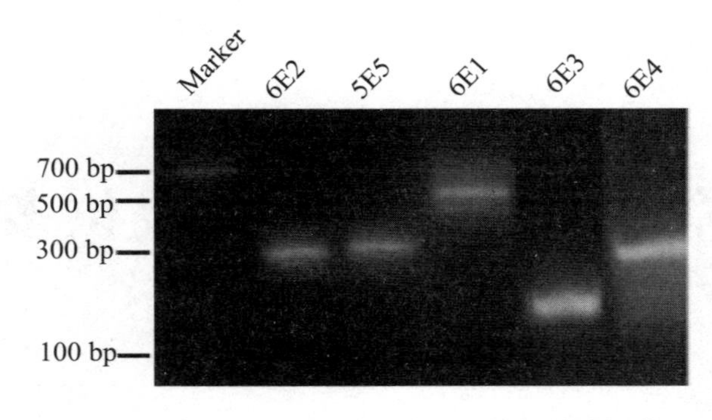

图 4.1　BVDV E2 表位编码序列片段的基因扩增

表 4.1　构建 BVDV E2 5 个抗原表位多肽 6E1-5E5 的引物序列

引物	引物序列 (5′→3′)
F-insBam-pUC57-6E1	CGCGAATGCATCTAGATCATGCCGGATCCTGCAAACCTGAATTC (*Bam*H Ⅰ)
R-insBam-pUC57-6E1	GCCCGGGATCCGATCCGCTCGAGGGTAAGGCCTTC (*Xho* Ⅰ)
F-insBam-pUC57-6E2	CGCGAATGCATCTAGATCATGCCGGATCCGCTGAAGGCC (*Bam*H Ⅰ)
R-insBam-pUC57-6E2	GCCCGGGATCCGATCCGCTCGAGCTTCATTCCAGG (*Xho* Ⅰ)
F-insBamHI-pMD19T-7E3	CGAGCTCGGTACCCGGGGATCCCTCTTTGATG (*Bam*H Ⅰ)
R-insXhoI-pMD19T-7E3	CAAGAGGTACTGTCTACTAGCCCTCGAGTTGCTTTCGC (*Xho* Ⅰ)
F-insBam-pUC57-6E4	CGCGAATGCATCTAGATCATGCCGGATCCTGTACGTCATTC (*Bam*H Ⅰ)
R-insBam-pUC57-6E4	GCCCGGGATCCGATCCGCTCGAGTAAGGTGTCC (*Xho* Ⅰ)

续表

引物	引物序列 (5′→3′)
F-insBam-pUC57-6E5	CGCGAATGCATCTAGATCATGCCGGATCCACATATAGAAGG (*Bam*H Ⅰ)
R-insBam-pUC57-6E5	GCCCGGGATCCGATCCGCTCGAGTTTTGGGTGATAC (*Xho* Ⅰ)
F-Ins6his-after pGEX-15	CGGCCGCATCGTGAC***CACCACCACCACCACCAC***TGACTGACGATCTGC
R-Ins6his-afterpGEX-15	GCAGATCGTCAGTCA***GTGGTGGTGGTGGTGGTG***GTCACGATGCGGCCG
F-pGEX-644-670	GCTGAAAATGTTCGAAGATCGTTTATG
R-pGEX-1101-1125	CACCCGCTGACGCGCCCTGACGGGC

注：下划线部分表示的是限制性内切酶序列；加粗斜体表示的是 6His 的序列。

4.1.2　BVDV E2 表位多肽表达质粒的构建与鉴定

将 6E1、6E2、6E3、6E4、5E5 的 PCR 产物和 pGEX-6p-1-6his 载体质粒一起用 *Bam*H Ⅰ和 *Xho* Ⅰ双酶切后，分别进行 T4 酶连接，转化，涂氨苄抗性的 LB 平板，37℃培养过夜，挑取单菌落进行菌落 PCR，挑选菌落 PCR 阳性的菌液接种氨苄抗性的 LB 液体培养基，37 ℃过夜培养后提质粒。

质粒 pGEX-6E1、pGEX-6E2、pGEX-6E3、pGEX-6E4 和 pGEX-5E5 用 *Bam*H Ⅰ和 *Xho* Ⅰ双酶切鉴定，酶切出的片段长度分别为 504 bp、360 bp、168 bp、234 bp、390 bp。如图 4.2 所示，酶切后凝胶电泳结果与预期相符合，表明目的基因已被克隆到相应载体中。

选择酶切结果正确的重组质粒，由上海生工生物公司进行测序，结果显示目的基因插入载体的位置和基因序列完全正确，测序结果见附录 5、6、7、8、9。

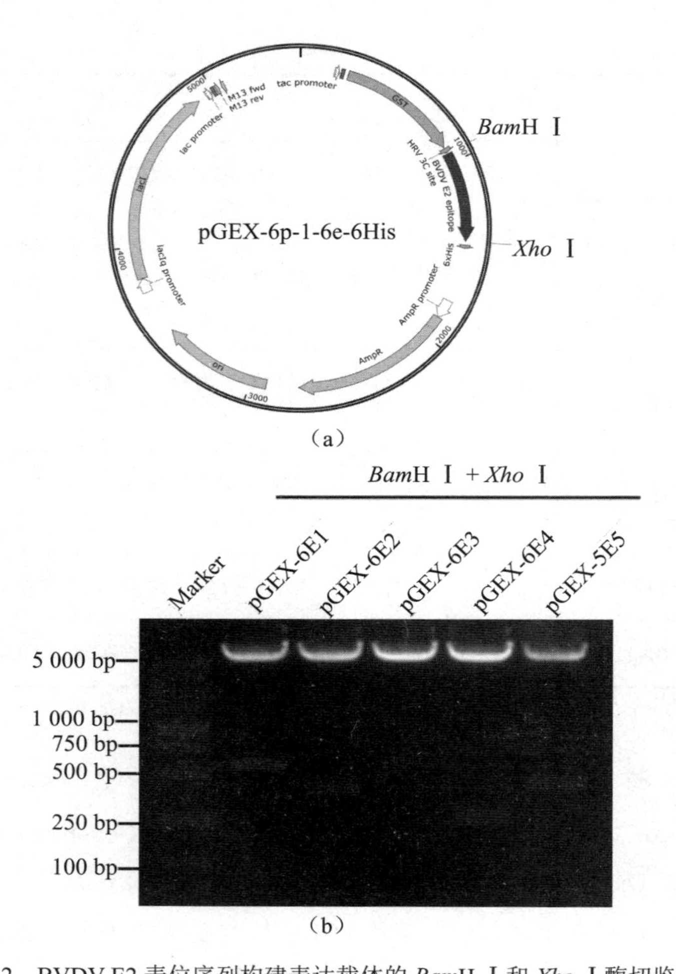

图 4.2　BVDV E2 表位序列构建表达载体的 *Bam*H Ⅰ和 *Xho* Ⅰ酶切鉴定

（a）重组质粒载体构建示意图；（b）pGEX-6E1、pGEX-6E2、pGEX-6E3、pGEX-6E4、pGEX-5E5 酶切后的片段大小分别为 504 bp、360 bp、168 bp、234 bp、390 bp

4.1.3　BVDV E2 表位多肽的表达及鉴定

4.1.3.1　BVDV E2 抗原表位多肽的诱导表达及 SDS-PAGE 分析

测序正确的质粒分别转化 *E.coli* BL21-codon plus(DE3)RIL 感受态细胞，挑取单菌落到液体培养基中培养进行小量诱导，经终浓度 0.5 mmol/L 的 IPTG 诱导 4 h 后，收集菌体，经超声破碎后分别收集菌体上清、沉淀及全菌体制样，SDS-

PAGE 分析蛋白的可溶性。

如图 4.3 所示，pGEX-6E1、pGEX-6E2、pGEX-6E3、pGEX-6E4、pGEX-5E5 都能表达蛋白，而且蛋白都是在菌体破碎后的上清中表达，沉淀中表达的量极少，这说明表达的都是可溶性蛋白。带有 His 和 GST 标签的融合蛋白的分子质量分别为 45.5 ku、41 ku、34.4 ku、36 ku 和 43 ku，SDS-PAGE 后的蛋白条带大小与预期相符。

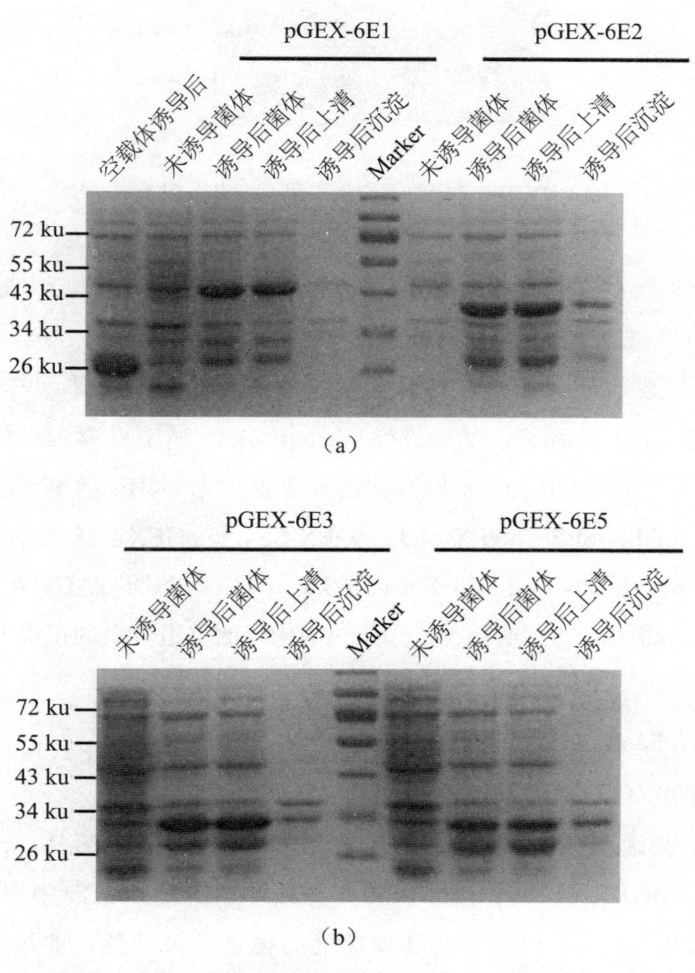

图 4.3　BVDV E2 表位编码蛋白在 *E. coli* 中的表达

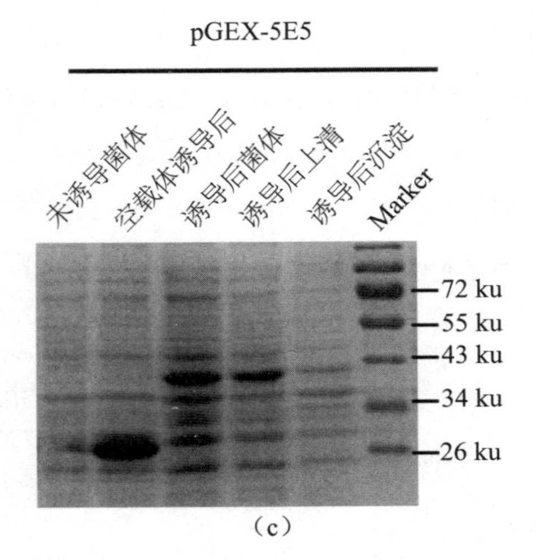

(c)

图 4.3　BVDV E2 表位编码蛋白在 *E. coli* 中的表达（续）

（a）pGEX-6E1、pGEX-6E2 在 *E. coli* 中的表达；

（b）pGEX-6E3、pGEX-6E4 在 *E. coli* 中的表达；（c）pGEX-5E5 在 *E. coli* 中的表达

4.1.3.2　BVDV E2 抗原表位多肽的免疫印记分析

重组表达质粒转化后进行小量诱导，取诱导后的全菌体制样，进行 SDS-PAGE，如图 4.4（a）所示，然后进行 Western Blot，ECL 化学发光检测结果如图 4.4（b）所示，这些表达与 His 融合的蛋白都能被抗 6×His 的单克隆抗体识别。pGEX-6E1、pGEX-6E2、pGEX-6E3、pGEX-6E4 和 pGEX-5E5 表达蛋白的分子质量分别为 45.5 ku、41 ku、34.4 ku、36 ku 和 43 ku，SDS-PAGE 及 Western Blot 检测的蛋白条带大小与预期符合，因此说明构建的重组蛋白均正确表达了目的蛋白。

4.1.4　BVDV E2 表位多肽的纯化

4.1.4.1　BVDV E2 抗原表位多肽的纯化

通过对表达菌诱导后的菌体裂解上清和沉淀分析所知，pGEX-6E1、pGEX-6E2、pGEX-6E3、pGEX-6E4 和 pGEX-5E5 是在上清中表达的可溶性蛋白，因此用 Ni 柱亲和层析的咪唑梯度纯化方法来纯化，通过蛋白和 Ni 柱结合后流穿，分别用 20 mmol/L、50 mmol/L 和 100 mmol/L 咪唑的裂解液洗杂蛋白和 250 mmol/L 咪唑裂解液来洗脱目的蛋白的顺序，获得纯化后的蛋白，

蛋白的分子质量分别为 45.5 ku、41 ku、34.4 ku、36 ku 和 43 ku，如图 4.5 所示，纯化后获得了纯度较高的目的蛋白。

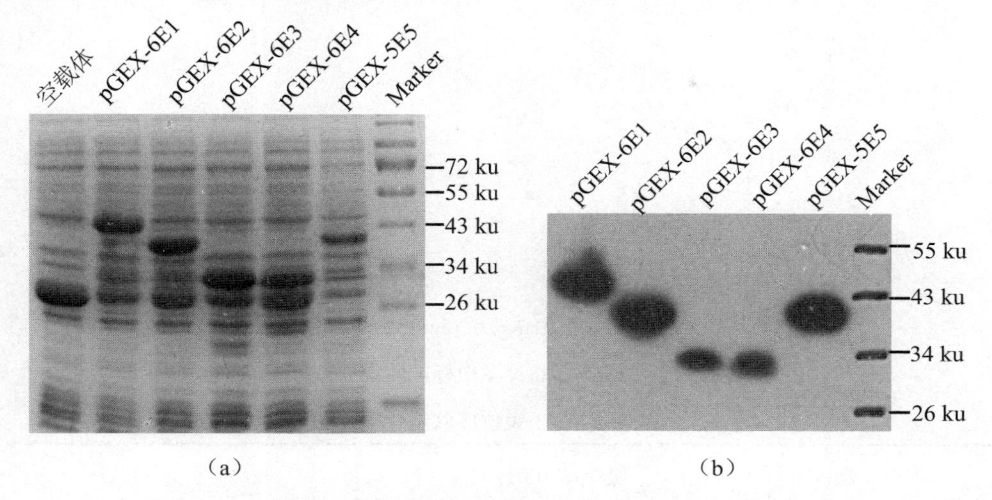

图 4.4　BVDV E2 表位编码蛋白的 SDS-PAGE 和 Western Blot 分析

（a）BVDV E2 表位编码蛋白在 *E.coli* 中的表达；（b）BVDV E2 表位编码蛋白的 Western Blot 分析

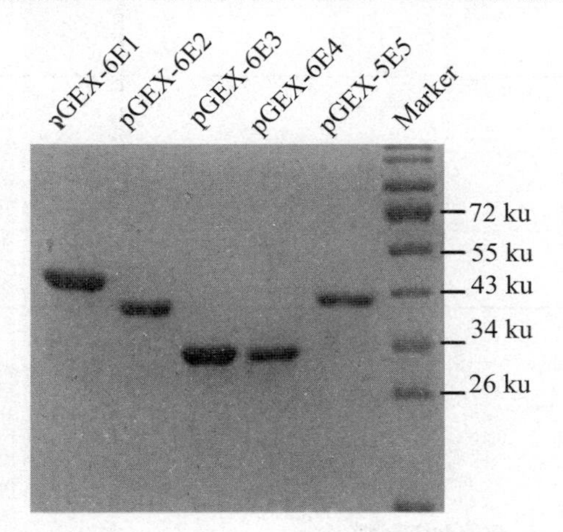

图 4.5　BVDV E2 表位编码蛋白纯化后

4.1.4.2　蛋白浓度的测定

BSA 作为参照的蛋白浓度标准曲线如图 4.6 所示，Bradford 法测出蛋白的 OD 值，根据标准曲线可计算得出纯化蛋白的浓度。5 个抗原表位多肽的 OD 值及浓度如表 4.2 所示。

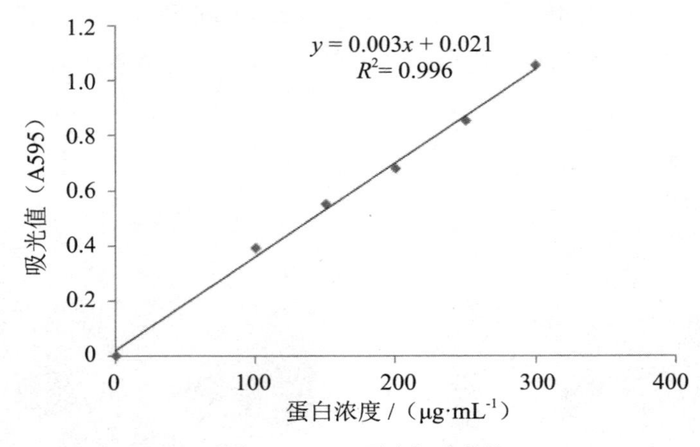

图 4.6　BSA 蛋白标准曲线

表 4.2　5 个表位多肽纯化后的浓度

蛋白样品	吸光值 (OD)	浓度 /（μg·mL^{-1}）
6E1	1.293	424.00
6E2	1.781	586.67
6E3	1.341	440.00
6E4	1.115	364.67
5E5	1.574	517.67

4.2　讨论

4.2.1　BVDV E2 5 个抗原表位区特征

由于猪感染 BVDV 出现的临床症状及病理变化都类似于 CSFV 感染，根据一般的血清学方法很难将猪的 BVDV 与 CSFV 感染区分开，给诊断工作带来了很大困难。国外有研究用抗 E2 蛋白的单克隆抗体来鉴别 BVDV 与 CSFV 的报道。

我们的想法是在 BVDV E2 上找出一段序列，这段序列和 CSFV E2 上对应的序列差别比较大，用 BVDV E2 上这段序列表达的蛋白分别和 BVDV E2 抗体反应及 CSFV E2 抗体反应，研究两者反应的差异，从而探讨分析 BVDV E2 和 BVDV E2 的免疫原性，为进一步理解 BVDV 和 CSFV 的血清学交叉反应提供数据和材料。

表 4.3　CSFV Shimen 株 E2 上保守的 5 个表位

名称	在多蛋白上的定位	序列	参考文献
Epitope 1	693～699	CKEDYRY	Dong 等，2006
	693～716	CKEDYRYAISSTNEIGLLGAGGLT	Zhou 等，2011
	694～712	KEDYRYAISSTNEIGLLGA	Tarradas 等，2011
Epitope 2	712～727	AGGLTTTWKEYSHDLQ	Tarradas 等，2011
Epitope 3	772～778	LFDGTN	Peng 等，2008
Epitope 4	829～837	TAVSPTTLR	Lin 等，2000
	829～842	TAVSPTTLRTEVVK	Tarradas 等，2011
	832～837	SPTTLR	Zhang 等，2006
Epitope 5	844～865	TFRREKPFPHRMDCVTTTVENE	Zhou 等，2011

查阅文献后发现，关于 BVDV E2 上保守性比较高的表位报道甚少，而关于 CSFV E2 上保守性比较高的表位却有诸多报道。由于这些表位在 CSFV E2 上保守性很高，因此和瘟病毒属其他病毒中的对应序列差异比较大。于是查阅文献，选取 CSFV E2 上特有的保守序列（表 4.3），再结合序列比较分析，寻找出 BVDV E2 上与 CSFV E2 上保守表位差别较大的表位（表 4.4）。

如图 4.7 所示，BVDV E2 上对应 CSFV E2 上保守表位的 5 个表位的氨基酸位置分别用不同的颜色标出，其中，表位 1、2、3 处于区域 1，属于抗原区 B、C；表位 4 处于区域 2，属于抗原区 A、D；而表位 4 一部分处于区域 2，另一部分处于区域 3。

表 4.4　BVDV NADL 株 E2 上的 5 个表位

名称	在多蛋白上的定位	长度	序列
Epitope 1	696～719	24aa	CKPEFSYAIAKDERIGQLGAEGLT
Epitope 2	715～730	16aa	AEGLTTTWKEYSPGMK
Epitope 3	775～781	7aa	LFDGRKQ
Epitope 4	833～841	9aa	TSFNMDTLA
Epitope 5	847～868	22aa	TYRRSKPFPHRQGCITQKNLGE

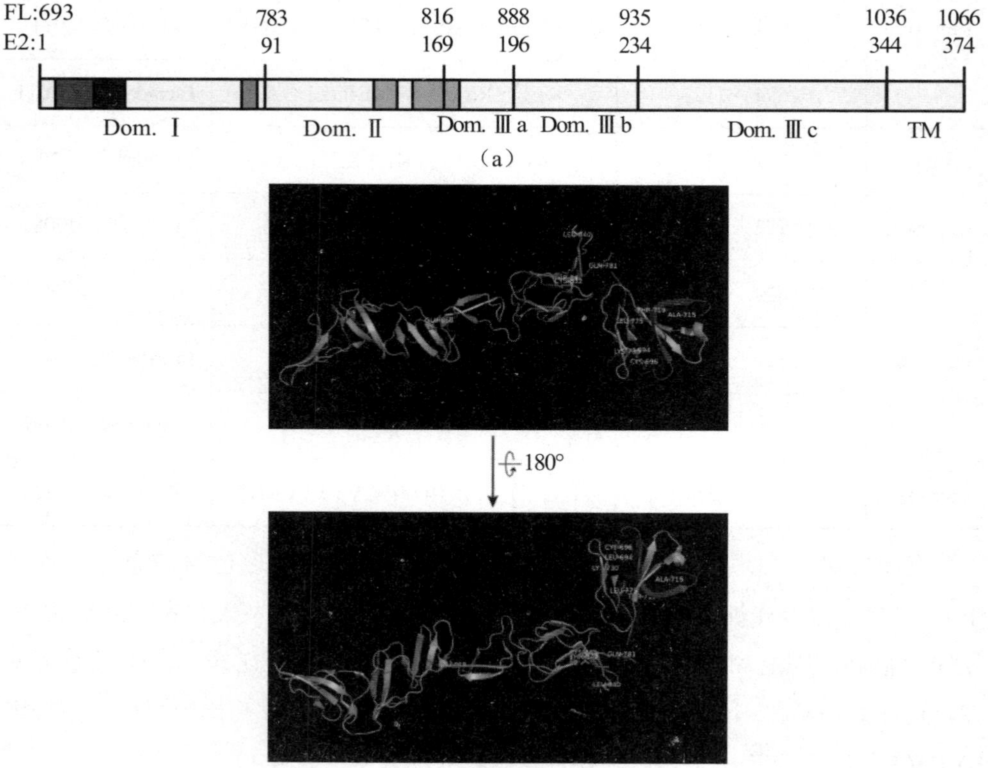

FL:693　783　816　888　935　1036　1066
E2:1　91　169　196　234　344　374
Dom. Ⅰ　Dom. Ⅱ　Dom. Ⅲa　Dom. Ⅲb　Dom. Ⅲc　TM

（a）

180°

（b）

图 4.7　5 个表位在 BVDV NADL 株 E2 上的位置

（a）5 个表位在 BVDV NADL 株 E2 一级结构示意图上的位置；

（b）5 个表位在 BVDV NADL 株 E2 二级结构示意图上的位置

如图 4.8 所示，将 5 个表位在瘟病毒属中的序列分别进行比对，发现抗原表位序列确实在 CSFV 不同毒株间比较保守，而 BVDV 和 BDV 不同毒株中的相应序列则与之差别较大。

	Epitope 1	Epitope 2	Epitope 3	Epitope 4	Epitope 5
CSFV Shimen	CKEDYRYAISSTNEIGLLGAGGLT	AGGLTTTWKEYSHDLQ	LFDGT-N	TAVSPTTLR	TFRREKPFPHRMDCVTTTVENE
CSFV C strain	············D···········	···········N····	·······	·········	····D·················
CSFV Brescia	···N················E···	·E······Q··NQ···	······S	·········	····D·········M·······
CSFV HEBZ	················P···E···	·E······R····G··	······S	·········	···········A·····I··K·
CSFV_IND/UK/LAL-290	············DG······E···	·E···········G··	······S	·········	···········V·····M··K·
CSFV Alfort/Tuebingen	····················E···	·E···········G··	·······	·········	····D······V·····I··K·
CSFV GPE-	························	···········N····	·······	·T·······	····D·················
CSFV Alfort/187	························	···········N····	·······	·········	····D·················
CSFV Riems	············D···········	···········N····	·······	·········	····D·················
CSFV ALD	························	···········N····	·······	·········	····D·················
CSFV Eystrup	····················E···	·E·········N····	·······	·········	····D·········A······G
CSFV Thiverval	························	···········N····	·······	·········	····D·······F·········
conserved sequence	CKEDYRYAISSTNEIGLLGAGGLT	AGGLTTTWKEYNHDLQ	LFDGT-N	TAVSPTTLR	TFRRDKPFPHRMDCVTTTVENE
BVDV 1 NADL	··PEFS···AKDER··Q···E···	·E··········PGMK	····RKQ	·SFNMD··A	·Y··S······QG·I·QKNLG·
BVDV 1SD1	··PE·S···AKNDRV·P···E···	·E····V··D···EMK	··E·QKQ	MLANRD··D	·Y··SV···Y·QG·I·QKTLG·
BVDV 1 KS86-1cp	··P··S···AKNDKV·····E···	·E····F·Q··KPKMI	···KQKQ	VLANED··E	·YM·SR·····QG·I·YKILG·
BVDV 1 CP7-5A	··PGFS···AKND···P···T···	·T····Q·Y···DGMR	I···KEQ	·LANKD··A	·YK·VR···Y·Q····QKTIG·
BVDV 1 osloss	··PGFY···AKN····P···T···	·T····Q·Y···DGMR	II··KEQ	HWSNKD··A	·YK·HR···F·QG·I·QK·IGG
BVDV 1b Leo	··P·FS···AKND···P···T···	·T····Q·Y···DGMR	IIN·-·Q	·LANKD··A	·YK·DR···Y·Q····QKTIG·
BVDV 2 D37-13-2_Dup(+)	···GFQ····KDKKM····PES··	PES·····HLPTK--R	IS···TG	IL·NQD··D	·Y··TT··QR·KW·AYEKIIG·
BVDV 2 IAF-103	···GFQ····KDRKM····PES··	PES·····HLPTK--K	IS···TG	·LANQD··D	·Y··TT··QR·KW·TYEKIIG·
BVDV 2 JZ05-1	···GFQ····KDKK··P··PES··	PES·····HLPTK--K	ISS··KG	ILANQD··D	·Y··TT··QR·KW·SYEKIIG·
BVDV 2 C413	···GFQ····KDRYM····PES··	PES·····HLPTK--K	IS···IA	·LANQD··D	·Y··TT··QR·KW·TYEKMIG·
BDV Gifhorn	·I·N·K··L·K·SNV·P···ED··	·ED·····HD·KPN··	IPG·S·P	·T··TS··A	·Y··SR···R·AG·DH···SGG

图 4.8　5 个表位序列在瘟病毒属 E2 上的比较

4.2.2　BVDV 抗原表位的重复表达及应用

早期研究发现，选择 CSFV E2 上的保守表位 TAVSPTTLR，利用 pGEX-3X 构建重组质粒并在 *E. coli* 中表达了含 4 次重复抗原表位的可溶性的融合蛋白 GST-4P，每个表位肽之间由柔性氨基酸 SPGS 连接，结果表明，纯化的融合蛋白与兔抗 CSFV E2 血清有很强的反应性，却与兔抗 BVDV E2 血清不反应，说明该重复抗原表位在鉴别诊断 CSFV 与猪的 BVDV 感染方面具有潜在的应用价值（张青婵等，2003；李素等，2007）。

Qi 等发现，利用 pGEX-6P-1 表达载体构建并表达的包含 TAVSPTTLR 四聚体 GST-4e 或六聚体 GST-6e 的嵌合抗原（每个表位之间用 GS 柔性肽连接）能够被 CSFV 抗血清识别，可用于 CSFV 抗体的检测，而 SDS-PAGE、Western Blot 和 ELISA 的结果表明，六聚体 GST-6e 的效果更显著（Qi 等，2009）。

因此在我们研究中，BVDV E2 上的 5 个表位都做了 6 次串联重复，在每 2 个重复的连接处都加入了 GS 亲水性氨基酸的柔性肽，柔性肽的加入更有助于蛋白的可溶性表达，而可溶性表达有利于蛋白的正确折叠，使得蛋白更好地保持抗原活性，而且蛋白纯化不需要变性和纯化后的蛋白透析复性。其中表位1、2、4、5的6个重复是生物公司合成的，连接处的氨基酸是GSGS，核苷酸序列为GGTAGTGGTAGT，表位3的6次重复是自己合成的，连接处的氨基酸是GS，核苷酸序列为GGATCT，具体合成方法参考Qi等的研究报道（Qi等，2009），BVDV E2上5个表位的6次串联重复氨基酸序列如表4.5所示。

表4.5　BVDV NADL株E2上6次串联重复表位

6E1	CKPEFSYAIAKDERIGQLGAEGLT***GSGS***CKPEFSYAIAKDERIGQLGAEGLT***GSGS***CKPEFSYAIAKDERIGQLGAEGLT***GSGS***CKPEFSYAIAKDERIGQLGAEGLT***GSGS***CKPEFSYAIAKDERIGQLGAEGLT***GSGS***CKPEFSYAIAKDERIGQLGAEGLT (164aa)
6E2	AEGLTTTWKEYSPGMK***GSGS***AEGLTTTWKEYSPGMK***GSGS***AEGLTTTWKEYSPGMK***GSGS***AEGLTTTWKEYSPGMK***GSGS***AEGLTTTWKEYSPGMK***GSGS***AEGLTTTWKEYSPGMK (116aa)
6E3	LFDGRKQ***GS***LFDGRKQ***GS***LFDGRKQ***GS***LFDGRKQ***GS***LFDGRKQ***GS***LFDGRKQ (52aa)
6E4	TSFNMDTLA***GSGS***TSFNMDTLA***GSGS***TSFNMDTLA***GSGS***TSFNMDTLA***GSGS***TSFNMDTLA***GSGS***TSFNMDTLA (74aa)
5E5	TYRRSKPFPHRQGCITQKNLGE***GSGS***TYRRSKPFPHRQGCITQKNLGE***GSGS***TYRRSKPFPHRQGCITQKNLGE***GSGS***TYRRSKPFPHRQGCITQKNLGE***GSGS***TYRRSKPFPHRQGCITQKNLGE***GSGS***TYRRSKPFPHRQGCITQKNLGE (152aa)

注：下划线加粗部分表示的是连接表位的柔性肽。

pGEX作为一种融合表达载体，其表达的融合蛋白是以可溶形式存在，不改变蛋白质的天然构象，而且比天然蛋白更稳定。本研究中选用带GST标签的pGEX-6P-1表达载体，为便于Ni柱纯化，运用点突变PCR，在pGEX-6P-1载体上的*Xho* Ⅰ位点的15个核苷酸之后（即989 bp和990 bp之间）插入了6个His，序列为CACCACCACCACCACCAC。Western Blot结果显示，点突变插入的6His可以与抗His的单克隆抗体反应。

本研究利用改造后的加了6His的pGEX-6P-1原核表达载体来构建BVDV E2抗原表位的重组质粒并进行蛋白表达，所表达的BVDV E2 5个重复抗原表位多肽均为可溶性蛋白，均可通过Ni柱亲和层析纯化获得高纯度的蛋白。

第 5 章　BVDV E2 抗原表位多肽与抗体的反应性

5.1　结果

5.1.1　BVDV E2 表位多肽与抗体反应性分析

5.1.1.1　BVDV E2 表位多肽和 BVDV E2 鼠抗血清的反应性

（1）各个抗原表位多肽的最适包被浓度与最适一抗血清稀释度的确定。

将 5 个抗原表位多肽抗原按不同浓度 20.0 μg/mL、10.0 μg/mL、5.0 μg/mL、1.0 μg/mL、0.1 μg/mL 稀释，阳性血清及阴性血清按 1∶100、1∶200、1∶400、1∶800、1∶1600 和 1∶3200 进行倍比稀释进行反应，选择 P/N 值最大，且阳性血清的 OD450 值在 1.0 左右和阴性血清 OD450 值比较低的组合，从而初步确定抗原最适包被浓度和血清稀释度。

① 6E1 蛋白最适包被浓度和血清稀释度的确定，如表 5.1、图 5.1 所示。

表 5.1　6E1 抗原包被浓度和血清稀释度的优化

稀释度	阳性血清包被浓度					阴性血清包被浓度				
	0.1 μg	1 μg	5 μg	10 μg	20 μg	0.1 μg	1 μg	5 μg	10 μg	20 μg
1∶3200	0.198	0.254	0.339	0.371	0.404	0.093	0.156	0.196	0.213	0.262
1∶1600	0.279	0.363	0.451	0.477	0.651	0.096	0.200	0.196	0.240	0.289
1∶800	0.427	0.567	0.588	0.690	1.002	0.116	0.162	0.203	0.252	0.293
1∶400	0.562	0.724	0.858	0.974	1.316	0.138	0.163	0.220	0.276	0.319

续表

稀释度	阳性血清包被浓度					阴性血清包被浓度				
	0.1 μg	1 μg	5 μg	10 μg	20 μg	0.1 μg	1 μg	5 μg	10 μg	20 μg
1∶200	0.794	0.877	1.113	1.249	1.579	0.162	0.212	0.247	0.304	0.386
1∶100	0.946	1.156	1.292	1.413	1.958	0.230	0.235	0.297	0.375	0.512

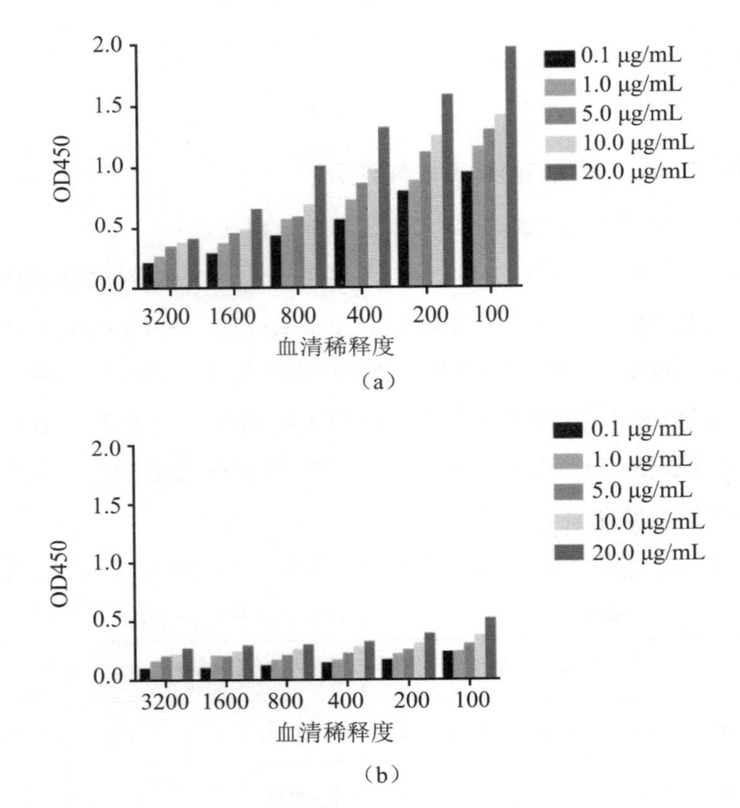

图 5.1　6E1 抗原包被浓度和血清稀释度的优化

（a）阳性血清（BVDV E2 鼠抗）的 ELISA 检测；（b）阴性血清的 ELISA 检测

② 6E2 蛋白最适包被浓度和血清稀释度的确定，如表 5.2、图 5.2 所示。

表 5.2　6E2 抗原包被浓度和血清稀释度的优化

稀释度	阳性血清包被浓度					阴性血清包被浓度				
	0.1 μg	1 μg	5 μg	10 μg	20 μg	0.1 μg	1 μg	5 μg	10 μg	20 μg
1∶3200	0.152	0.243	0.301	0.318	0.341	0.092	0.097	0.119	0.124	0.137
1∶1600	0.189	0.344	0.430	0.458	0.544	0.067	0.105	0.137	0.142	0.144
1∶800	0.287	0.556	0.647	0.701	0.925	0.083	0.104	0.161	0.173	0.198
1∶400	0.335	0.714	0.839	0.856	1.171	0.098	0.122	0.195	0.199	0.294
1∶200	0.495	0.870	1.046	1.126	1.456	0.110	0.165	0.215	0.289	0.370
1∶100	0.592	1.125	1.293	1.480	1.911	0.114	0.187	0.289	0.405	0.473

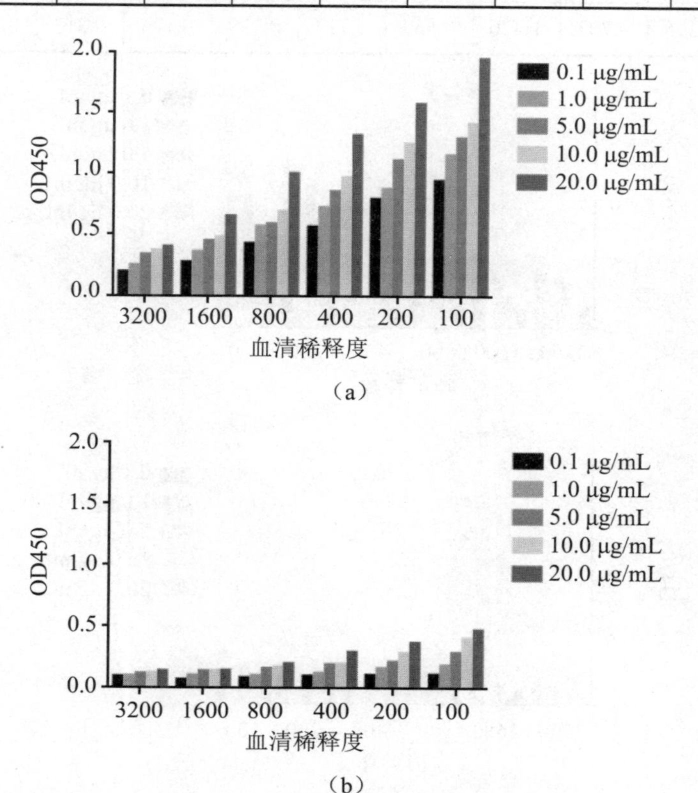

图 5.2　6E2 抗原包被浓度和血清稀释度的优化

（a）阳性血清（BVDV E2 鼠抗）的 ELISA 检测；（b）阴性血清的 ELISA 检测

③ 6E3 蛋白最适包被浓度和血清稀释度的确定，如表 5.3、图 5.3 所示。

表 5.3　6E3 抗原包被浓度和血清稀释度的优化

稀释度	阳性血清包被浓度					阴性血清包被浓度				
	0.1 μg	1 μg	5 μg	10 μg	20 μg	0.1 μg	1 μg	5 μg	10 μg	20 μg
1：3200	0.176	0.212	0.331	0.363	0.440	0.092	0.137	0.161	0.164	0.178
1：1600	0.149	0.267	0.426	0.547	0.612	0.117	0.137	0.167	0.177	0.185
1：800	0.178	0.320	0.573	0.681	0.659	0.118	0.151	0.178	0.193	0.212
1：400	0.150	0.374	0.823	1.108	1.035	0.125	0.157	0.186	0.204	0.235
1：200	0.219	0.515	1.156	1.325	1.381	0.110	0.164	0.246	0.296	0.336
1：100	0.295	0.703	1.426	1.657	1.717	0.129	0.176	0.313	0.383	0.443

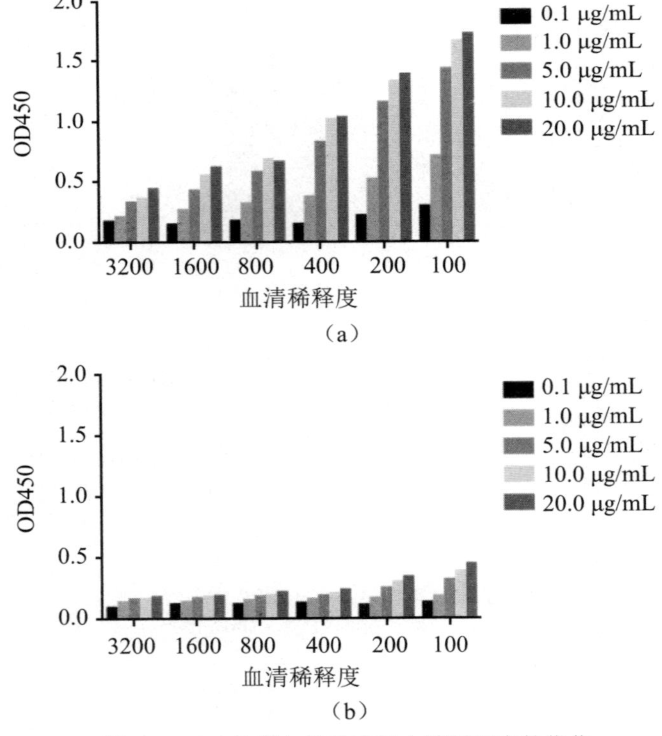

图 5.3　6E3 抗原包被浓度和血清稀释度的优化

（a）阳性血清（BVDV E2 鼠抗）的 ELISA 检测；（b）阴性血清的 ELISA 检测

④ 6E4 蛋白最适包被浓度和血清稀释度的确定，如表 5.4、图 5.4 所示。

表 5.4　6E4 抗原包被浓度和血清稀释度的优化

稀释度	阳性血清包被浓度					阴性血清包被浓度				
	0.1 μg	1 μg	5 μg	10 μg	20 μg	0.1 μg	1 μg	5 μg	10 μg	20 μg
1 : 3200	0.146	0.174	0.244	0.231	0.254	0.111	0.129	0.152	0.162	0.194
1 : 1600	0.156	0.193	0.288	0.297	0.320	0.110	0.126	0.151	0.164	0.198
1 : 800	0.183	0.247	0.372	0.424	0.473	0.116	0.138	0.152	0.191	0.217
1 : 400	0.219	0.272	0.513	0.560	0.591	0.117	0.146	0.184	0.213	0.259
1 : 200	0.224	0.459	0.902	0.928	0.960	0.112	0.149	0.228	0.263	0.317
1 : 100	0.265	0.709	1.205	1.364	1.414	0.123	0.158	0.296	0.351	0.483

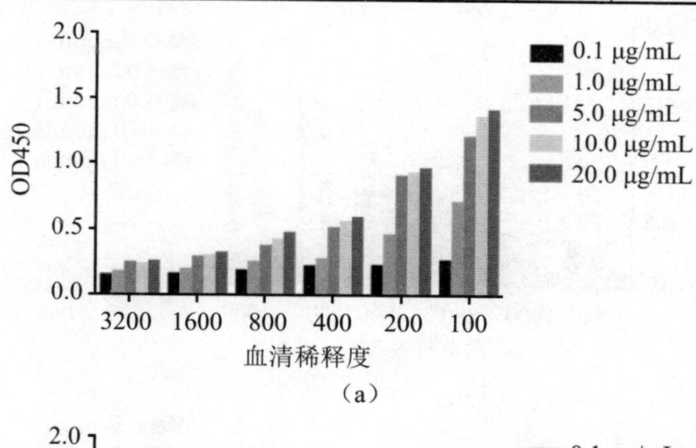

（a）

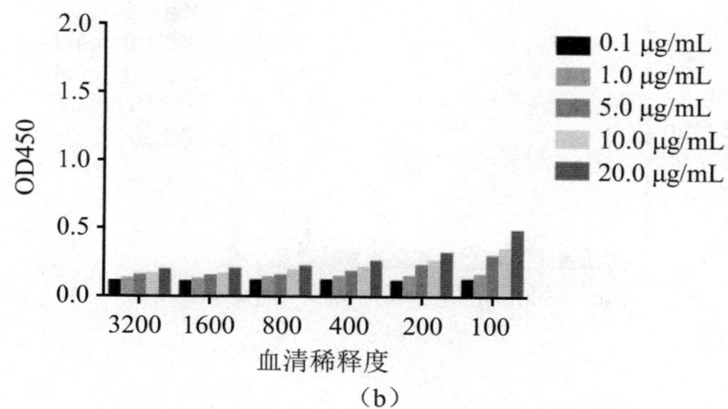

（b）

图 5.4　6E4 抗原包被浓度和血清稀释度的优化

（a）阳性血清（BVDV E2 鼠抗）的 ELISA 检测；（b）阴性血清的 ELISA 检测

⑤ 5E5 蛋白最适包被浓度和血清稀释度的确定，如表 5.5、图 5.5 所示。

表 5.5　5E5 抗原包被浓度和血清稀释度的优化

稀释度	阳性血清包被浓度					阴性血清包被浓度				
	0.1 μg	1 μg	5 μg	10 μg	20 μg	0.1 μg	1 μg	5 μg	10 μg	20 μg
1∶3200	0.115	0.184	0.260	0.296	0.329	0.097	0.118	0.125	0.135	0.161
1∶1600	0.132	0.253	0.378	0.415	0.431	0.109	0.121	0.133	0.137	0.166
1∶800	0.153	0.334	0.586	0.641	0.682	0.112	0.137	0.157	0.145	0.194
1∶400	0.164	0.363	0.850	0.930	1.020	0.115	0.140	0.162	0.176	0.205
1∶200	0.174	0.553	1.252	1.382	1.423	0.113	0.142	0.188	0.207	0.285
1∶100	0.210	0.702	1.423	1.772	1.882	0.123	0.146	0.192	0.248	0.315

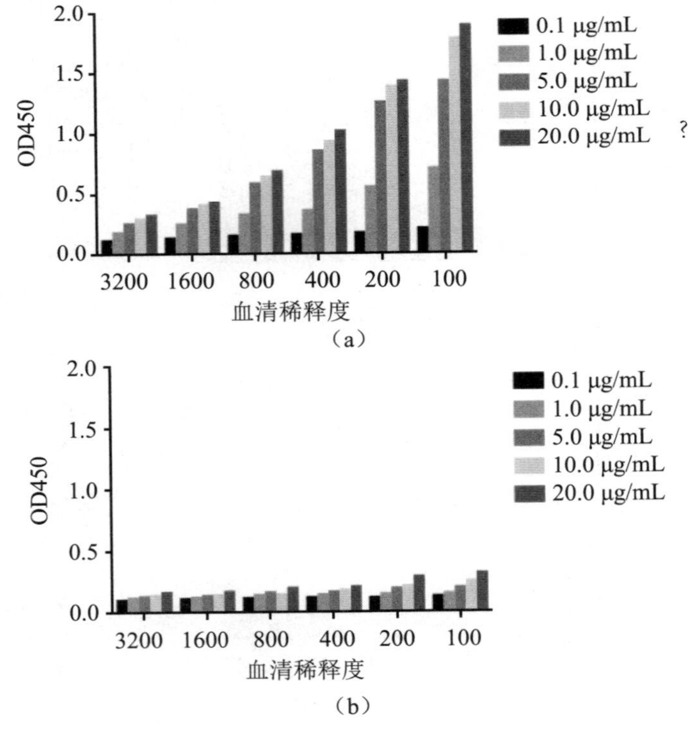

图 5.5　5E5 抗原包被浓度和血清稀释度的优化

（a）阳性血清（BVDV E2 鼠抗）的 ELISA 检测；（b）阴性血清的 ELISA 检测

以上结果显示，5个抗原表位6E1、6E2、6E3、6E4、5E5的最佳包被浓度为5 μg/mL，一抗血清稀释度分别是1 : 400 ~ 1 : 200，基本符合阳性OD值均在1.0左右，阴性OD值均在0.2左右，且P/N值比较大的要求，但是具体的一抗血清稀释度还需要进一步确定。

（2）一抗血清的稀释度的进一步确定。

通过上述棋盘滴定试验，可以看出当抗原包被浓度为5 μg/mL时，且一抗血清稀释度为1 : 200时，阳性OD值均在1.0左右，阴性OD值均在0.2左右，且P/N值比较大。但是由于在一抗血清稀释度为1 : 200时，阴性值普遍比较大。因此固定抗原包被浓度为5 μg/mL，测了一下在一抗血清稀释度为1 : 300时的值，期望得到能够符合阳性OD值在1.0左右，阴性值小于0.2，P/N值大于2.1的最适一抗血清稀释度，如表5.6所示。

表5.6　一抗血清稀释度的优化

包被蛋白种类	一抗血清稀释度	阳性血清1	阳性血清2	阳性血清平均值	阴性血清1	阴性血清2	阴性血清平均值	P/N值
6E1	1 : 200	1.183	1.177	1.180 0	0.233	0.236	0.234 5	5.032
	1 : 300	0.983	0.976	0.979 5	0.148	0.151	0.149 5	6.552
6E2	1 : 200	1.158	1.142	1.150 0	0.239	0.245	0.242 0	4.752
	1 : 300	0.943	0.960	0.951 5	0.171	0.168	0.169 5	5.613
6E3	1 : 200	1.096	1.110	1.103 0	0.215	0.217	0.216 0	5.106
	1 : 300	0.951	0.959	0.955 0	0.168	0.173	0.170 5	5.601
6E4	1 : 200	0.936	0.934	0.935 0	0.196	0.201	0.198 5	4.710
	1 : 300	0.768	0.778	0.773 0	0.147	0.158	0.152 5	5.068
5E5	1 : 200	1.152	1.143	1.147 5	0.171	0.174	0.172 5	6.652
	1 : 300	0.876	0.884	0.880 0	0.145	0.138	0.141 7	6.210

以上结果表明，在 6E1、6E2、6E3、6E4、5E5 包被浓度为 5 μg/mL 时，待检测抗血清稀释度分别在 1∶300、1∶300、1∶300、1∶200、1∶200 时，符合阳性 OD 值在 1.0 左右，阴性血清 OD 值小于 0.2，P/N 值大于 2.1。

5.1.1.2　BVDV E2 表位多肽和 CSFV E2 鼠抗血清的反应性

抗原包被浓度 5 μg/mL，CSFV E2 鼠抗血清稀释度为 1∶100，其他根据已知的步骤操作。结果显示由于包被蛋白的不同，阳性 OD 值的差别也比较大，其中包被 6E1 蛋白时，测得的 OD 值最小，但所有的阳性 OD 值都不低于 0.5，阴性 OD 值均在 0.2 左右，且 P/N 值大于 2.1。这说明，BVDV E2 的抗原表位多肽都能够与 CSFV E2 特异性抗体反应，如表 5.7 所示。

表 5.7　抗原表位多肽和 CSFV E2 鼠抗血清的反应

包被蛋白	阳性血清 1（1∶100）	阳性血清 2（1∶100）	阳性血清平均值	阴性血清 1（1∶100）	阴性血清 2（1∶100）	阴性血清平均值	P/N 值
6E1	0.572	0.584	0.578	0.142	0.145	0.144	4.028
6E2	0.986	0.978	0.982	0.244	0.239	0.242	4.066
6E3	0.983	0.979	0.981	0.233	0.242	0.238	4.131
6E4	0.917	0.918	0.918	0.234	0.237	0.236	3.896
5E5	1.419	1.474	1.447	0.285	0.296	0.291	4.979

5.1.1.3　结合能力检测

（1）检测 BVDV E2 抗体血清的结合能力试验。

以 6E1 蛋白作为抗原包被酶标板，包被浓度为 5 μg/mL，设置 1∶100 ~ 1∶3200 BVDV E2 一抗血清稀释度，做 2 个重复孔，进行间接 ELISA 检测。结果表明当 BVDV E2 抗体稀释倍数为 1 600 倍时，P/N 值仍然大于 2.1，说明制备的 BVDV E2 血清抗体具有良好的反应性和与抗原的结合能力，如表 5.8、图 5.6 所示。

表 5.8　BVDV E2 血清抗体的结合能力检测

血清稀释度	阳性血清 1	阳性血清 2	阳性血清平均值	阴性血清 1	阴性血清 2	阴性血清平均值	P/N 值
1∶3200	0.298	0.307	0.302 5	0.193	0.203	0.198 0	1.528
1∶1600	0.471	0.484	0.477 5	0.199	0.209	0.204 0	2.341
1∶800	0.689	0.696	0.692 5	0.199	0.205	0.202 0	3.428
1∶400	0.929	0.924	0.926 5	0.215	0.221	0.218 0	4.250
1∶200	1.117	1.125	1.121 0	0.243	0.236	0.239 5	4.681
1∶100	1.337	1.333	1.335 0	0.273	0.267	0.270 0	4.944

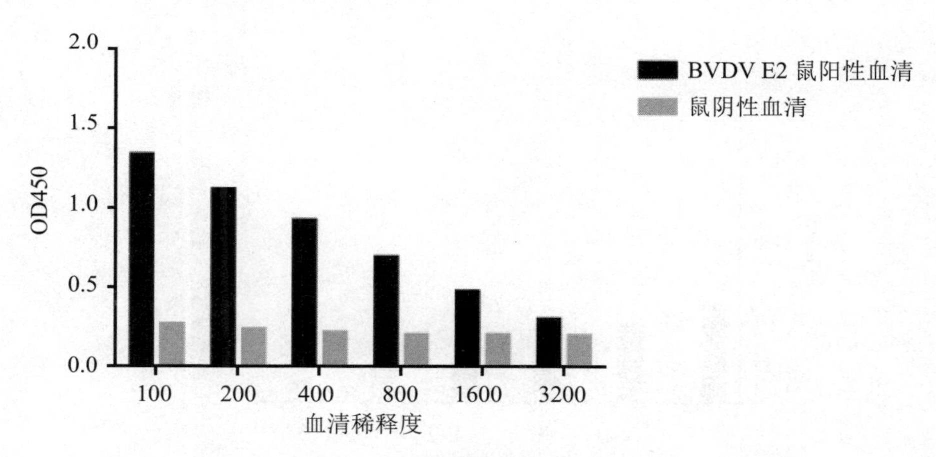

图 5.6　BVDV E2 血清抗体的结合能力检测

（2）检测 CSFV E2 抗体血清的结合能力试验。

以 6E1 蛋白作为抗原包被酶标板，包被浓度为 5 μg/mL，设置 1∶100～1∶3200 CSFV E2 一抗血清稀释度，做 2 个重复孔，进行间接 ELISA 检测。结果表明当 CSFV E2 抗体稀释倍数为 800 倍时，P/N 值仍然大于 2.1，说明制备的 CSFV E2 血清抗体具有良好的反应性和与抗原的结合能力，但反应性和与抗原的结合能力低于上述的 BVDV E2 血清，如表 5.9、图 5.7 所示。

表 5.9　CSFV E2 血清抗体的结合能力检测

血清稀释度	阳性血清1	阳性血清2	阳性血清平均值	阴性血清1	阴性血清2	阴性血清平均值	P/N 值
1∶3200	0.137	0.136	0.136 5	0.089	0.088	0.088 5	1.542
1∶1600	0.195	0.209	0.202 0	0.099	0.099	0.099 0	2.040
1∶800	0.247	0.251	0.249 0	0.105	0.103	0.104 0	2.394
1∶400	0.342	0.351	0.346 5	0.111	0.109	0.110 0	3.150
1∶200	0.487	0.495	0.491 0	0.125	0.128	0.126 5	3.881
1∶100	0.622	0.634	0.628 0	0.155	0.148	0.151 5	4.145

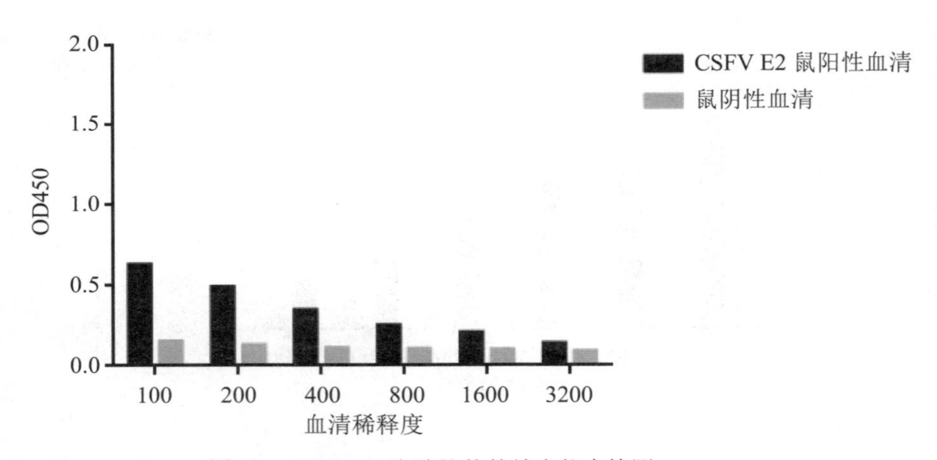

图 5.7　CSFV E2 血清抗体的结合能力检测

5.1.1.4　重复性检测

以 5 μg/mL 的包被浓度包被 6E1 抗原表位多肽，分别检测 4 个血清样品的批内和批间重复试验，分别为 1∶300 稀释比的 BVDV E2 鼠抗血清和鼠阴性血清，1∶200 稀释比的 CSFV E2 鼠抗血清和鼠阴性血清，分别称为阳性血清 1、阴性血清 1 和阳性血清 2、阴性血清 2。变异系数 = 标准差 / 平均值。

（1）批内重复性检测。

取同一批蛋白包被的酶标板，每份样品做 6 个平行，进行试验并测得 OD450 值。如图所示，变异系数 3.6% ~ 5.1%，低于 10%，表明批内重复性较好，如表 5.10 所示。

表 5.10　批内重复性试验

血清	测定次数						平均值	标准差	变异系数 /%
	1	2	3	4	5	6			
阳性血清 1	1.015	0.985	1.057	1.036	0.973	0.968	1.006	0.036	3.6%
阴性血清 1	0.163	0.158	0.154	0.161	0.142	0.149	0.155	0.008	5.1%
阳性血清 2	0.591	0.596	0.545	0.567	0.622	0.606	0.588	0.028	4.7%
阴性血清 2	0.143	0.148	0.136	0.145	0.157	0.152	0.147	0.007	5.0%

（2）批间重复性检测。

取不同时间包被的 3 批酶标板，对 4 份血清进行重复性检测并测得 OD450 值。变异系数为 5.4% ~ 9.3%，低于 10%，表明批间重复性较好，如表 5.11 所示。

表 5.11　批间重复性试验

血清	测定批次			平均值	标准差	变异系数 /%
	1 批	2 批	3 批			
阳性血清 1	0.989	0.956	1.107	1.017	0.079	7.8%
阴性血清 1	0.138	0.141	0.163	0.147	0.014	9.3%
阳性血清 2	0.623	0.644	0.567	0.611	0.040	6.5%
阴性血清 2	0.155	0.147	0.139	0.147	0.008	5.4%

5.1.2　BVDV E2 表位多肽与 BVDV E2 和 CSFV E2 抗血清的反应性

以 5 个重复抗原表位多肽作为抗原包被酶标板，包被浓度为 5 μg/mL，分别与稀释度为 1∶100 的 BVDV E2 和 CSFV E2 一抗血清进行间接 ELISA 反应，做 2 个重复孔，取平均值进行比对。结果表明，5 个重复抗原表位多肽和 BVDV E2 抗体能够进行反应，也能够和 CSFV E2 抗体进行反应，只是和 BVDV E2 抗体的反应强度要高于和 CSFV E2 抗体的反应。由表 5.12 显示，6E1 和 BVDV E2 抗体反应的阳性 OD 值（约 1.3）是 6E1 和 CSFV E2 抗体反应的阳性 OD 值（约 0.6）的 2 倍，是 5 个表位中反应差别最大的。

表 5.12　抗原表位多肽与 BVDV E2、CSFV E2 抗血清反应比较

抗原表位多肽	6E1	6E2	6E3	6E4	5E5
BVDV E2 阳性血清 1∶100	1.292	1.293	1.426	1.205	1.761
阴性血清 1∶100	0.297	0.289	0.313	0.296	0.192
P/N 值	4.350	4.474	4.556	4.071	9.172
CSFV E2 阳性血清 1∶100	0.578	0.982	0.981	0.918	1.447
阴性血清 1∶100	0.144	0.242	0.238	0.236	0.291
P/N 值	4.028	4.066	4.131	3.896	4. 979

5.2　讨论

间接 ELISA 法是最常用的检测抗体的方法，在间接 ELISA 中，包被抗原的纯度能够直接影响试验的特异性和敏感性。如果抗原纯度不高，抗原中含有的杂蛋白会与特异性抗原竞争吸附固相载体，引起非特异性反应，从而影响检测结果的准确性。本研究中用大肠杆菌表达的重组抗原表位多肽，通过 Ni 柱亲和层析的咪唑多浓度梯度洗杂和洗脱，得到的重组蛋白纯度比较高。

包被抗原的浓度和血清稀释度也能很大程度影响实验结果的准确性。如果抗原的包被浓度过高，抗原分子之间会产生相互作用而交叠在一起，造成吸附不

牢，容易被一起洗掉，从而产生非特异性的实验结果；如果抗原的包被浓度过低，固相载体表面吸附的抗原量太少，容易产生假阴性的试验结果（高欲燃等，2010）。本研究总通过棋盘滴定，选定包被蛋白浓度为 5 μg/mL，BVDV E2 鼠抗血清 1∶300 稀释，满足阴性血清稀释后的 OD 值最小，而阳性血清的 OD 值在 1.0 左右的要求。此外，包被液和封闭液的种类、一抗和二抗的作用时间也对试验的结果有一定程度的影响。

由于本研究旨在筛选能将 CSFV 和 BVDV 引起的交叉反应区别开来的重复抗原表位，因此没有对详细的条件进行优化。试验中选用了常用的包被液和封闭液种类以及常用的作用时间，只优化了对试验最重要的包被浓度和一抗血清稀释度。

间接 ELISA 结果显示，BVDV E2 的 5 个重复抗原表位多肽都能和 BVDV E2 抗体反应，包被不同表位的阳性 OD 值的大小顺序为 5E5 ＞ 6E3 ＞ 6E1 ＝ 6E2 ＝ 6E4。结果还显示，BVDV E2 的 5 个重复抗原表位多肽也都能和 CSFV E2 抗体反应，包被不同表位的阳性 OD 值的大小顺序为 5E5 ＞ 6E2 ＝ 6E3 ＝ 6E4 ＞ 6E1，其中 6E1 和 BVDV E2 抗体反应的阳性 OD 值（1.3 左右），是 6E1 和 CSFV E2 抗体反应的阳性 OD 值（0.6 左右）的 2 倍，是 5 个表位中反应差别最大的，因此，认为表位 1 最有可能作为潜在鉴别 BVDV 和 CSFV 感染的抗原。

经过比对序列计算得出 BVDV E2 上这 5 个表位与 CSFV E2 上对应氨基酸序列的差异率分别为 45.8%、31.3%、42.9%、66.7%、45.6%，可见 6E2 与 CSFV E2 对应氨基酸序列的差异最小，而 6E4 的差异最大，因此理论上推断，6E2 与 CSFV E2 抗体反应程度最强，6E4 与 CSFV E2 抗体反应程度最弱，然而本研究中试验结果表明，5E5 与 CSFV E2 抗体反应程度最强，6E1 与 CSFV E2 抗体反应程度最弱，因此认为反应的差异不并对应与 CSFV E2 上对应氨基酸序列的差异率，推断反应的差异可能还与不同表位的空间结构和抗原性强弱有关。

研究发现，CSFV E2 上线性保守表位 TAVSPTTLR 的 4 次重复抗原表位多肽可以与 CSFV 阳性血清反应，但不能与兔抗 BVDV E2 血清发生反应，因此可以作为潜在鉴别 CSFV 感染的抗原（张青婵等，2003；李素等，2007）。在本研究中表达的 6E4，是 BVDV E2 上对应 CSFV E2 上线性保守表位 TAVSPTTLR 的序列的6次重复抗原表位多肽，然而本研究结果显示6E4并不能鉴别与BVDV E2抗体和CSFV E2抗体的反应。

这些结果的具体原因，推断一方面可能是由于GST作为融合蛋白的一部分，它的这种非特异反应可能会影响到重复抗原表位与血清抗体的特异反应强度（张青禅等，2003），至于更深层次的原因分析，还需要进一步的试验研究来探索发现。

本研究利用BVDV E2上与CSFV E2特异性保守表位差别较大的表位来鉴别BVDV和CSFV的感染，研究发现，6E1和BVDV E2抗体反应的阳性OD值是6E1和CSFV E2抗体反应的阳性OD值的2倍，是5个表位中反应差别最大的。因此认为表位1最有可能作为潜在鉴别BVDV和CSFV感染的抗原。我们的工作为继续研究BVDV E2与CSFV E2抗原性积累了资料。

第 6 章 研究总结

本书构建了表达 BVDV 截短 E2 蛋白的表达质粒 pET/BtE2^{333}、pET/BtE2^{243}、CSFV 截短的 E2 蛋白的表达质粒 pET/CtE2^{177} 和 BVDV E2 上 5 个重复抗原表位多肽表达质粒 pGEX-6E1、pGEX-6E2、pGEX-6E3、pGEX-6E4、pGEX-5E5。经测序分析所有表达质粒序列正确。SDS-PAGE 和 Western Blot 分析工程菌蛋白表达结果表明，重组目的蛋白均能正确表达。BVDV E2 蛋白和 CSFV E2 蛋白经变性、Ni 柱亲和层析纯化、透析复性，制备了高纯度的重组蛋白；BVDV E2 蛋白上的 5 个抗原表位重复多肽以可溶的形式表达，经 Ni 柱亲和层析纯化获得了高纯度的重组目的蛋白。

用纯化的 BVDV E2 和 CSFV E2 蛋白免疫 BALB/c 小鼠制备血清抗体，间接免疫荧光试验证实，制备的 BVDV E2 和 CSFV E2 分别能与感染了 BVDV 和 CSFV 的 PK15 细胞发生特异性反应；采用纯化 BVDV 和 CSFV 作为包被抗原建立了间接 ELISA 方法，检测了所制备的抗 BVDV E2 和抗 CSFV E2 的多克隆抗体效价。结果显示，抗 BVDV E2 的 ELISA 效价为 1∶300；抗 CSFV E2 的抗体效价为 1∶100。

基于优化的间接 ELISA 反应条件，分别用纯化的 BVDV E2 5 个抗原表位多肽为包被抗原，分析了各个表位多肽与制备的 BVDV E2 和 CSFV E2 的多克隆抗体的反应特性。结果显示，BVDV E2 中的 5 个抗原表位多肽不仅能够与 BVDV E2 多克隆抗体反应，也能够与 CSFV E2 的多克隆抗体反应；这些表位多肽与 CSFV E2 的抗体反应强度弱于与 BVDV E2 抗体的反应，6E1 和 BVDV E2 抗体反应的阳性 OD 值是 6E1 和 CSFV E2 抗体反应的阳性 OD 值的 2 倍，是 5 个表位中反应差别最大的，因此认为表位 1 最有可能作为潜在鉴别 BVDV 和 CSFV 感染的抗原。

参考文献

[1] 包振中 . 牛病毒性腹泻 / 黏膜病病毒的分离及生物学特性研究 [D]. 乌鲁木齐：新疆农业大学，2015.

[2] 陈锐，范学政，朱元源，等 . 西部散养肉牛病毒性腹泻病毒流行及遗传变异 [J]. 中国农业科学， 2016，49（13）: 2634-2641.

[3] 邓宇，孙春清，张宏彪，等 . 株猪源牛病毒性腹泻病毒的分离与鉴定 [J]. 畜牧兽医学报，2012（3）:416-423.

[4] 高欲燃 . 牛病毒性腹泻病毒重组 E2 蛋白多克隆抗体制备及间接 ELISA 方法的建立与应用 [D]. 哈尔滨：东北农业大学，2010.

[5] 宫晓炜 . 牛病毒性腹泻病毒感染形成和复制的分子机制研究 [D]. 北京：中国农业科学院，2014.

[6] 黄美玲，吴鹏，李天森，等 . 牛病毒性腹泻病毒 E2 抗原表位表达及验证 [J]. 生物技术， 2016，26（2）: 152-157.

[7] 孔繁德，陆承平 . 牛病毒性腹泻－黏膜病的最新研究进展 [J]. 福建畜牧兽医，2005，27（3）: 9-13.

[8] 李娇，薛飞，朱远茂，等 . 牛病毒性腹泻病毒 E2 蛋白的截短表达与鉴定 [J]. 中国预防兽医学报，2008，3 : 200-205.

[9] 李素 . 猪瘟病毒 E2 蛋白及其重复抗原表位的原核表达和特异抗血清制备 [D]. 长春：吉林大学，2007.

[10] 李佑民，刘振润 . 吉林省某奶牛场暴发牛病毒性腹泻 —— 粘膜病及其病毒分离的初步研究 [J]. 中国兽医学报，1981，3: 62-64.

[11] 李智勇，石顺利，王艳杰，等．内蒙古地区奶牛病毒性腹泻 / 黏膜病血清流行病学调查 [J]. 畜牧与饲料科学，2014（3）:106-108.

[12] 沈敏，王新华，钟发刚．牛病毒性腹泻病毒致病机理研究进展 [J]. 动物医学进展，2002，23（6）: 1-4.

[13] 宋永峰，张志，张燕霞，等．猪源牛病毒性腹泻病毒的流行初探 [J]. 中国动物检疫，2008（7）: 25-27.

[14] 孙宏进，陶洁，朱礼倩，等．牛病毒性腹泻病毒的分子生物学研究进展 [J]. 畜牧与兽医，2011，43（2）: 99-103.

[15] 陶洁，廖金虎，张倩，等．猪感染牛病毒性腹泻病毒研究进展 [J]. 中国预防兽医学报，2014，36（5）: 410-413.

[16] 王国超，白鸽，王选，等．牛病毒性腹泻 – 黏膜病研究概述 [J]. 动物医学进展，2016，37（10）: 108-111.

[17] 王淑娟，王华，宋晓晖，等．牛病毒性腹泻 / 黏膜病的诊断流行病学调查及防控 [J]. 中国兽医杂志，2014 （3）: 38-40.

[18] 王新平，涂长春，李红卫，等．从疑似猪瘟病料中检出牛病毒性腹泻病毒 [J]. 中国兽医学报，1996（4）: 30-34.

[19] 肖红冉．牛病毒性腹泻病毒囊膜蛋白 Erns/E2 的原核表达及噬菌体展示 anti-BVDV 纳米抗体文库的构建 [D]. 石河子：石河子大学，2013.

[20] 薛飞，朱远茂，马磊．我国牛病毒性腹泻 / 黏膜病研究进展及防控策略 [J]. 中国奶牛，2016，319（11）: 25.

[21] 徐兴然，涂长春，余兴龙，等．牛病毒性腹泻病毒 Changchun184 株 E2 基因的克隆及在大肠杆菌中的高效表达 [J]. 中国预防兽医学报，2005，27（2）: 98-101.

[22] 杨有武，杨有德．牛病毒性腹泻病毒 E2 蛋白的表达及多克隆抗体制备 [J]. 动物医学进展，2013，9 : 128-132.

[23] 赵月兰，左玉柱，范京惠，等．畜牧兽医科学牛病毒性腹泻 / 黏膜病病毒河北分离株的生物学特性 [J]. 中国农学通报，2006，22（12）: 1-4.

[24] 张丽颖，涂长春．牛病毒性腹泻病诊断方法的研究进展 [J]. 畜牧兽医科技信息，

2004（5）: 17-19.

[25] 张青婵，刘思国，徐兴然，等 . 猪瘟病毒 E2 蛋白 4 重复抗原表位的构建及抗原活性研究 [J]. 高技术通讯，2003，10 : 41-45.

[26] 周景明，李鹏飞，张改平，等 . 猪瘟病毒 E2 蛋白在大肠杆菌中的表达及其可溶性分析 [J]. 西北农业学报，2015，11 : 24-28.

[27] 祖立闯，李娇，谢金文，等 . 我国猪源牛病毒性腹泻病毒的感染现状及检测技术 [J]. 养猪，2016（5）: 78-80.

[28]Agapov E V, Murray C L, Frolov I, et al. Uncleaved NS2-3 is required for production of infectious bovine viral diarrhea virus[J]. Journal of Virology, 2004, 78(5): 2414-2425.

[29]Altamiranda E A G, Kaiser G G, Mucci N C, et al. Effect of bovine viral diarrhea virus on the ovarian functionality and in vitro reproductive performance of persistently infected heifers[J]. Veterinary Microbiology, 2013, 165(3): 326-332.

[30]Baigent S J, Zhang G, Fray M D, et al. Inhibition of beta interferon transcription by noncytopathogenic bovine viral diarrhea virus is through an interferon regulatory factor 3-dependent mechanism[J]. Journal of Virology, 2002, 76(18): 8979-8988.

[31]Bolin S R, Ridpath J F. Differences in virulence between two noncytopathic bovine viral diarrhea viruses in calves[J]. American Journal of Veterinary Research, 1992, 53(11): 2157-2163.

[32]Brownlie J. Pathogenesis of mucosal disease and molecular aspects of bovine virus diarrhoea virus[J]. Veterinary Microbiology, 1990, 23(1-4): 371-382.

[33]Brownlie J, Clarke M C, Howard C J. Experimental infection of cattle in early pregnancy with a cytopathic strain of bovine virus diarrhoea virus[J]. Research in Veterinary Science, 1989, 46(3): 307-311.

[34]Brown E A, Zhang H, Ping L H, et al. Secondary structure of the 5′ nontranslated regions of hepatitis C virus and pestivirus genomic RNAs[J]. Nucleic Acids Research, 1992, 20(19): 5041-5045.

[35]Carman S, van Dreumel T, Ridpath J, et al. Severe acute bovine viral diarrhea

in Ontario, 1993–1995[J]. Journal of Veterinary Diagnostic Investigation, 1998, 10(1): 27-35.

[36]Charleston B, Fray M D, Baigent S, et al. Establishment of persistent infection with non-cytopathic bovine viral diarrhoea virus in cattle is associated with a failure to induce type I interferon[J]. Journal of General Virology, 2001, 82(8): 1893-1897.

[37]Collett M S, Larson R, Gold C, et al. Molecular cloning and nucleotide sequence of the pestivirus bovine viral diarrhea virus[J]. Virology, 1988, 165(1): 191-199.

[38]Corapi W V, French T W, Dubovi E J. Severe thrombocytopenia in young calves experimentally infected with noncytopathic bovine viral diarrhea virus[J]. Journal of Virology, 1989, 63(9): 3934-3943.

[39]Corapi W V, Elliott R D, French T W, et al. Thrombocytopenia and hemorrhages in veal calves infected with bovine viral diarrhea virus[J]. Journal of the American Veterinary Medical Association, 1990, 196(4): 590-596.

[40]Deng R, Brock K V. 5′ and 3′ untranslated regions of pestivirus genome: primary and secondary structure analyses[J]. Nucleic acids research, 1993, 21(8): 1949-1957.

[41]Deregt D, Loewen K G. Bovine viral diarrhea virus: biotypes and disease[J]. The Canadian Veterinary Journal, 1995, 36(6): 371.

[42]Dong X N, Chen Y H. Spying the neutralizing epitopes on E2 N-terminal by candidate epitope-vaccines against classical swine fever virus[J]. Vaccine, 2006, 24(19): 4029-4034.

[43]Donis R O, Corapi W V, Dubiovi E J. Bovine Viral diarrhea virus proteins and their antigenic analysis [J]. Arch. Virol., 1991, （suppl 3）: 29-40.

[44]Fetzer C, Tews B A, Meyers G. The carboxy-terminal sequence of the pestivirus glycoprotein Erns represents an unusual type of membrane anchor[J]. Journal of virology, 2005, 79(18): 11901-11913.

[45]Fray M D, Paton D J, Alenius S. The effects of bovine viral diarrhoea virus on cattle reproduction in relation to disease control[J]. Animal Reproduction Science,

2000, 60: 615-627.

[46]Fu Q, Shi H, Shi M, et al. Roles of bovine viral diarrhea virus envelope glycoproteins in inducing autophagy in MDBK cells[J]. Microbial pathogenesis, 2014, 76: 61-66.

[47]Gillespie I E, Kay A W. Effect of medical and surgical vagotomy on the augmented histamine test in man[J]. British medical journal, 1961, 1(5239): 1557.

[48]Givens M D, Newcomer B W. Perspective on BVDV control programs[J]. Animal Health Research Reviews, 2015, 16(1): 78-82.

[49]Grooms D L, Ward L A, Brock K V. Morphologic changes and immunohistochemical detection of viral antigen in ovaries from cattle persistently infected with bovine viral diarrhea virus[J]. American journal of veterinary research, 1996, 57(6): 830-833.

[50]Harada T, Tautz N, Thiel H J. E2-p7 region of the bovine viral diarrhea virus polyprotein: processing and functional studies[J]. Journal of virology, 2000, 74(20): 9498-9506.

[51]Hulst M M, Himes G, Newbigin E D, et al. Glycoprotein E2 of classical swine fever virus: expression in insect cells and identification as a ribonuclease[J]. Virology, 1994, 200(2): 558-565.

[52]Iqbal M, Poole E, Goodbourn S, et al. Role for bovine viral diarrhea virus Erns glycoprotein in the control of activation of beta interferon by double-stranded RNA[J]. Journal of virology, 2004, 78(1): 136-145.

[53]Jefferson M, Donaszi-Ivanov A, Pollen S, et al. Host factors that interact with the pestivirus N-terminal protease, Npro, are components of the ribonucleoprotein complex[J]. Journal of virology, 2014, 88(18): 10340-10353.

[54]Kirkland T N, Virca G D, Kuus-Reichel T, et al. Identification of lipopolysaccharide-binding proteins in 70Z/3 cells by photoaffinity cross-linking[J]. Journal of Biological Chemistry, 1990, 265(16): 9520-9525.

[55]Klemens O, Dubrau D, Tautz N. Characterization of the determinants of NS2-3-

independent virion morphogenesis of pestiviruses[J]. Journal of virology, 2015, 89(22): 11668-11680.

[56]Li Y, Wang J, Kanai R, et al. Crystal structure of glycoprotein E2 from bovine viral diarrhea virus[J]. Proceedings of the National Academy of Sciences, 2013, 110(17): 6805-6810.

[57]Lin M, Lin F, Mallory M, et al. Deletions of structural glycoprotein E2 of classical swine fever virus strain alfort/187 resolve a linear epitope of monoclonal antibody WH303 and the minimal N-terminal domain essential for binding immunoglobulin G antibodies of a pig hyperimmune serum[J]. Journal of virology, 2000, 74(24): 11619-11625.

[58]McClurkin A W, Littledike E T, Cutlip R C, et al. Production of cattle immunotolerant to bovine viral diarrhea virus[J]. Canadian Journal of Comparative Medicine, 1984, 48(2): 156.

[59]Meyers G, Ege A, Fetzer C, et al. Bovine viral diarrhea virus: prevention of persistent fetal infection by a combination of two mutations affecting E^{rns} RNase and N^{pro} protease[J]. Journal of virology, 2007, 81(7): 3327-3338.

[60]Meyers G, Tautz N, Stark R, et al. Rearrangement of viral sequences in cytopathogenic pestiviruses[J]. Virology, 1992, 191(1): 368-386.

[61]Moennig V, Plagemann P G W. The pestiviruses[J]. Advances in virus research, 1992, 41: 53-98.

[62]Murray C L, Marcotrigiano J, Rice C M. Bovine viral diarrhea virus core is an intrinsically disordered protein that binds RNA[J]. Journal of virology, 2008, 82(3): 1294-1304.

[63]Olafson P, MacCalum A D, Fox F H. An apparently new transmissible disease of cattle[J]. The Cornell Veterinarian, 1946, 36: 205-213.

[64]Peng W P, Hou Q, Xia Z H, et al. Identification of a conserved linear B-cell epitope at the N-terminus of the E2 glycoprotein of Classical swine fever virus by phage-displayed random peptide library[J]. Virus research, 2008, 135(2): 267-272.

[65]Perdrizet J A, Rebhun W C, Dubovi E J, et al. Bovine virus diarrhea-clinical syndromes in dairy herds[J]. The Cornell veterinarian, 1987, 77(1): 46-74.

[66]Peterhans E, Bachofen C, Stalder H, et al. Cytopathic bovine viral diarrhea viruses (BVDV): emerging pestiviruses doomed to extinction[J]. Veterinary research, 2010, 41(6): 44.

[67]Poole T L, Wang C, Popp R A, et al. Pestivirus translation initiation occurs by internal ribosome entry[J]. Virology, 1995, 206(1): 750-754.

[68]Qi Y, Zhang B Q, Shen Z, et al. Antigens containing TAVSPTTLR tandem repeats could be used in assaying antibodies to Classical swine fever virus[J]. Acta virologica, 2009, 53(4): 241.

[69]Radostits O M, Littlejohns I R. New concepts in the pathogenesis, diagnosis and control of diseases caused by the bovine viral diarrhea virus[J]. The Canadian Veterinary Journal, 1988, 29(6): 513.

[70]Ridpath J F, Bolin S R, Dubovi E J. Segregation of bovine viral diarrhea virus into genotypes[J]. Virology, 1994, 205(1): 66-74.

[71]Shin T, Acland H. Tissue distribution of bovine viral diarrhea virus antigens in persistently infected cattle[J]. Journal of veterinary science, 2001, 2(2): 81-84.

[72]Tarradas J, Monsó M, Munoz M, et al. Partial protection against classical swine fever virus elicited by dendrimeric vaccine-candidate peptides in domestic pigs[J]. Vaccine, 2011, 29(26): 4422-4429.

[73]Tautz N, Thiel H J, Dubovi E J, et al. Pathogenesis of mucosal disease: a cytopathogenic pestivirus generated by an internal deletion[J]. Journal of Virology, 1994, 68(5): 3289-3297.

[74]Walz P H, Steficek B A, Baker J C, et al. Effect of experimentally induced type II bovine viral diarrhea virus infection on platelet function in calves[J]. American journal of veterinary research, 1999, 60(11): 1396-1401.

[75]Weiland E, Stark R, Haas B, et al. Pestivirus glycoprotein which induces neutralizing antibodies forms part of a disulfide-linked heterodimer[J]. Journal of

virology, 1990, 64(8): 3563-3569.

[76]Wiskerchen M, Collett M S. Pestivirus gene expression: protein p80 of bovine viral diarrhea virus is a proteinase involved in polyprotein processing[J]. Virology, 1991, 184(1): 341-350.

[77]Zhang F, Yu M, Weiland E, et al. Characterization of epitopes for neutralizing monoclonal antibodies to classical swine fever virus E2 and E rns using phage-displayed random peptide library[J]. Archives of virology, 2006, 151(1): 37-54.

[78]Zhou B, Liu K, Jiang Y, et al. Multiple linear B-cell epitopes of classical swine fever virus glycoprotein E2 expressed in *E. coli* as multiple epitope vaccine induces a protective immune response[J]. Virology journal, 2011, 8(1): 378.

附 录

1. BVDV NADL 株 E2 基因序列（pET/BtE2^{374} 测序结果）

CACTTGGATTGCAAACCTGAATTCTCGTATGCCATAGCAAAGGACGAA
AGAATTGGTCAACTGGGGGCTGAAGGCCTTACCACCACTTGGAAGGAATA
CTCGCCTGGAATGAAGCTGGAAGACACAATGGTCATTGCTTGGTGCGAAG
ATGGGAAGTTTATGTACCTCCAAAGATGCACGAGAGAAACCAGATATCTCGC
AATCTTGCATACAAGAGCCTTGCCGACCAGTGTGGTATTCAAAAAACTCTTT
GATGGGCGAAAGCAAGAGGATGTAGTCGAAATGAACGACAACTTTGAATTT
GGACTCTGCCCATGTGATGCCAAACCCATAGTAAGAGGGAAGTTCAATACA
ACGCTGCTGAACGGACCGGCCTTCCAGATGGTATGCCCCATAGGATGGACA
GGGACTGTAAGCTGTACGTCATTCAATATGGACACCTTAGCCACAACTGTGG
TACGGACATATAGAAGGTCTAAACCATTCCCTCATAGGCAAGGCTGTATTACC
CAAAAGAATCTGGGGGAGGATCTCCATAACTGCATCCTTGGAGGAAATTGG
ACTTGTGTGCCTGGAGACCAACTACTATACAAAGGGGGCTCTATTGAATCTT
GCAAGTGGTGTGGCTATCAATTTAAAGAGAGTGAGGGACTACCACACTACC
CCATTGGCAAGTGTAAATTGGAGAACGAGACTGGTTACAGGCTAGTAGACA
GTACCTCTTGCAATAGAGAAGGTGTGGCCATAGTACCACAAGGGACATTAAA
GTGCAAGATAGGAAAAACAACTGTACAGGTCATAGCTATGGATACCAAACTC
GGGCCTATGCCTTGCAGACCATATGAAATCATATCAAGTGAGGGGCCTGTAG
AAAAGACAGCGTGTACTTTCAACTACACTAAGACATTAAAAAATAAGTATTT
TGAGCCCAGAGACAGCTACTTTCAGCAATACATGCTAAAAGGAGAGTATCAA

TACTGGTTTGACCTGGAGGTGACTGACCATCACCGGGATTACTTCGCTGAGT
CCATATTAGTGGTGGTAGTAGCCCTCTTGGGTGGCAGATATGTACTTTGGTTA
CTGGTTACATACATGGTCTTATCAGAACAGAAGGCCTTAGGG

2. BVDV NADL 株截短的 E2 基因序列（pET/BtE2[333] 测序结果）

CACTTGGATTGCAAACCTGAATTCTCGTATGCCATAGCAAAGGACGAA
AGAATTGGTCAACTGGGGGCTGAAGGCCTTACCACCACTTGGAAGGAATA
CTCGCCTGGAATGAAGCTGGAAGACACAATGGTCATTGCTTGGTGCGAAG
ATGGGAAGTTTATGTACCTCCAAAGATGCACGAGAGAAACCAGATATCTCGC
AATCTTGCATACAAGAGCCTTGCCGACCAGTGTGGTATTCAAAAAACTCTTT
GATGGGCGAAAGCAAGAGGATGTAGTCGAAATGAACGACAACTTTGAATTT
GGACTCTGCCCATGTGATGCCAAACCCATAGTAAGAGGGAAGTTCAATACA
ACGCTGCTGAACGGACCGGCCTTCCAGATGGTATGCCCCATAGGATGGACA
GGGACTGTAAGCTGTACGTCATTCAATATGGACACCTTAGCCACAACTGTGG
TACGGACATATAGAAGGTCTAAACCATTCCCTCATAGGCAAGGCTGTATTACC
CAAAAGAATCTGGGGGAGGATCTCCATAACTGCATCCTTGGAGGAAATTGG
ACTTGTGTGCCTGGAGACCAACTACTATACAAAGGGGGCTCTATTGAATCTT
GCAAGTGGTGTGGCTATCAATTTAAAGAGAGTGAGGGACTACCACACTACC
CCATTGGCAAGTGTAAATTGGAGAACGAGACTGGTTACAGGCTAGTAGACA
GTACCTCTTGCAATAGAGAAGGTGTGGCCATAGTACCACAAGGGACATTAAA
GTGCAAGATAGGAAAAACAACTGTACAGGTCATAGCTATGGATACCAAACTC
GGGCCTATGCCTTGCAGACCATATGAAATCATATCAAGTGAGGGGCCTGTAG
AAAAGACAGCGTGTACTTTCAACTACACTAAGACATTAAAAAATAAGTATTT
TGAGCCCAGAGACAGCTACTTTCAGCAATACATGCTAAAAGGAGAGTATCAA
TACTGGTTTGACCTGGAGGTGACT

3. BVDV NADL 株截短的 E2 基因序列（pET/BtE2[243] 测序结果）

GATGTAGTCGAAATGAACGACAACTTTGAATTTGGACTCTGCCCATGTG
ATGCCAAACCCATAGTAAGAGGGAAGTTCAATACAACGCTGCTGAACGGAC
CGGCCTTCCAGATGGTATGCCCCATAGGATGGACAGGGACTGTAAGCTGTAC

GTCATTCAATATGGACACCTTAGCCACAACTGTGGTACGGACATATAGAAGG
TCTAAACCATTCCCTCATAGGCAAGGCTGTATTACCCAAAAGAATCTGGGGG
AGGATCTCCATAACTGCATCCTTGGAGGAAATTGGACTTGTGTGCCTGGAGA
CCAACTACTATACAAAGGGGGCTCTATTGAATCTTGCAAGTGGTGTGGCTAT
CAATTTAAAGAGAGTGAGGGACTACCACACTACCCCATTGGCAAGTGTAAAT
TGGAGAACGAGACTGGTTACAGGCTAGTAGACAGTACCTCTTGCAATAGAG
AAGGTGTGGCCATAGTACCACAAGGGACATTAAAGTGCAAGATAGGAAAAA
CAACTGTACAGGTCATAGCTATGGATACCAAACTCGGGCCTATGCCTTGCAG
ACCATATGAAATCATATCAAGTGAGGGGCCTGTAGAAAAGACAGCGTGTACT
TTCAACTACACTAAGACATTAAAAAATAAGTATTTTGAGCCCAGAGACAGCT
ACTTTCAGCAATACATGCTAAAAGGAGAGTATCAATACTGGTTTGACCTGGA
GGTGACT

4. CSFV Shimen 株截短的 E2 基因序列（pET/CtE2[177] 测序结果）

CGCCTGGCATGTAAGGAAGATTACCGTTACGCAATCAGCAGCACCAAC
GAGATCGGTCTGCTGGGTGCCGGTGGTCTGACTACCACCTGGAAGGAATA
CAGCCATGACCTGCAGCTGAACGACGGCACTGTTAAAGCTATCTGCGTGG
CTGGTTCTTTCAAAGTCACTGCGCTGAACGTAGTGTCCCGTCGTTACCTGGC
TTCTCTGCACAAAGGTGCGCTGCTGACTTCTGTAACCTTCGAACTGCTGTTC
GATGGTACCAACCCATCCACCGAAGAGATGGGTGACGACTTCGGCTTCGGC
CTGTGTCCTTTTGACACTTCTCCGGTTGTAAAAGGCAAATATAACACCACCC
TGCTGAACGGCTCCGCCTTCTATCTGGTGTGCCCGATTGGCTGGACTGGCGT
TATTGAGTGCACTGCGGTTTCCCCGACCACGCTGCGTACCGAAGTTGTTAAA
ACCTTTCGTCGCGAAAAACCGTTTCCGCACCGCATGGATTGCGTGACCACG
ACGGTCGAAAATGAAGATCTG

5. BVDV NADL 株 E2 抗原表位基因序列（pGEX-6E1 测序结果）

GGATCCTGCAAACCTGAATTCTCGTATGCCATAGCAAAGGACGAAAGA
ATTGGTCAACTGGGGGCTGAAGGCCTTACCGGTAGTGGTAGTTGCAAACC
TGAATTCTCGTATGCCATAGCAAAGGACGAAAGAATTGGTCAACTGGGGG

CTGAAGGCCTTACCGGTAGTGGTAGTTGCAAACCTGAATTCTCGTATGCCAT
AGCAAAGGACGAAAGAATTGGTCAACTGGGGGCTGAAGGCCTTACCGGTA
GTGGTAGTTGCAAACCTGAATTCTCGTATGCCATAGCAAAGGACGAAAGAAT
TGGTCAACTGGGGGCTGAAGGCCTTACCGGTAGTGGTAGTTGCAAACCTGA
ATTCTCGTATGCCATAGCAAAGGACGAAAGAATTGGTCAACTGGGGGCTGA
AGGCCTTACCGGTAGTGGTAGTTGCAAACCTGAATTCTCGTATGCCATAGCA
AAGGACGAAAGAATTGGTCAACTGGGGGCTGAAGGCCTTACCCTCGAGCG
GCCGCATCGTGACCACCACCACCACCAC

6. BVDV NADL 株 E2 抗原表位基因序列（pGEX-6E2 测序结果）

GGATCCGCTGAAGGCCTTACCACCACTTGGAAGGAATACTCACCTGGA
ATGAAGGGTAGTGGTAGTGCTGAAGGCCTTACCACCACTTGGAAGGAATAC
TCACCTGGAATGAAGGGTAGTGGTAGTGCTGAAGGCCTTACCACCACTTGG-
AAGGAATACTCACCTGGAATGAAGGGTAGTGGTAGTGCTGAAGGCCTTACC
ACCACTTGGAAGGAATACTCACCTGGAATGAAGGGTAGTGGTAGTGCTGAA
GGCCTTACCACCACTTGGAAGGAATACTCACCTGGAATGAAGGGTAGTGGT
AGTGCTGAAGGCCTTACCACCACTTGGAAGGAATACTCACCTGGAATGAAG
CTCGAGCGGCCGCATCGTGACCACCACCACCACCAC

7. BVDV NADL 株 E2 抗原表位基因序列（pGEX-6E3 测序结果）

GGATCCCTCTTTGATGGGCGAAAGCAAGGATCTCTCTTTGATGGGCGAA
AGCAAGGATCTCTCTTTGATGGGCGAAAGCAAGGATCTCTCTTTGATGGGCG
AAAGCAAGGATCTCTCTTTGATGGGCGAAAGCAAGGATCTCTCTTTGATGGG
CGAAAGCAACTCGAGCGGCCGCATCGTGACCACCACCACCACCAC

8. BVDV NADL 株 E2 抗原表位基因序列（pGEX-6E4 测序结果）

GGATCCACGTCATTCAATATGGACACCTTAGCCGGTAGTGGTAGTACGTC
ATTCAATATGGACACCTTAGCCGGTAGTGGTAGTACGTCATTCAATATGGACA
CCTTAGCCGGTAGTGGTAGTACGTCATTCAATATGGACACCTTAGCCGGTAGT
GGTAGTACGTCATTCAATATGGACACCTTAGCCGGTAGTGGTAGTACGTCATT
CAATATGGACACCTTAGCCCTCGAGCGGCCGCATCGTGACCACCACCACCAC

CACCAC

9. BVDV NADL 株 E2 抗原表位基因序列（pGEX-5E5 测序结果）

GGATCCACATATAGAAGGTCTAAACCATTCCCTCATAGGCAAGGCTGTAT
CACCCAAAAGAATCTGGGGGAGGGTAGTGGTAGTACATATAGAAGGTCTAA
ACCATTCCCTCATAGGCAAGGCTGTATCACCCAAAAGAATCTGGGGGAGGGT
AGTGGTAGTACATATAGAAGGTCTAAACCATTCCCTCATAGGCAAGGCTGTAT
CACCCAAAAGAATCTGGGGGAGGGTAGTGGTAGTACATATAGAAGGTCTAA
ACCATTCCCTCATAGGCAAGGCTGTATCACCCAAAAGAATCTGGGGGAGGGT
AGTGGTAGTACATATAGAAGGTCTAAACCATTCCCTCATAGGCAAGGCTGTAT
CACCCAAAAGAATCTGGGGGAGCTCGAGCGGCCGCATCGTGACCACCACCA
CCACCACCAC